Florian Bauer | Hardy Koth

Der unvernünftige Kunde

Florian Bauer | Hardy Koth

Der unvernünftige Kunde

Mit Behavioral Economics irrationale
Entscheidungen verstehen und beeinflussen

REDLINE | VERLAG

Bibliografische Information der Deutschen Nationalbibliothek:
Die Deutsche Nationalbibliothek verzeichnet diese Publikation in der Deutschen National-
bibliografie; detaillierte bibliografische Daten sind im Internet über http://d-nb.de abrufbar.

Für Fragen und Anregungen:
bauer@redline-verlag.de
koth@redline-verlag.de

1. Auflage 2014

© 2014 by Redline Verlag,
ein Imprint der Münchner Verlagsgruppe GmbH,
Nymphenburger Straße 86
D-80636 München
Tel.: 089 651285-0
Fax: 089 652096

Redaktion: Desirée Šimeg, Gersthofen
Umschlaggestaltung: Maria Wittek, unter Verwendung von iStockphoto.com
Satz: Grafikstudio Foerster, Belgern
Druck: CPI, Ebner & Spiegel, Ulm
Printed in Germany

ISBN Print 978-3-86881-524-5
ISBN E-Book (PDF) 978-3-86414-624-4
ISBN E-Book (EPUB, Mobi) 978-3-86414-625-1

Weitere Informationen zum Verlag finden Sie unter
www.redline-verlag.de
Beachten Sie auch unsere weiteren Imprints unter
www.muenchner-verlagsgruppe.de

Inhalt

1. Klassische Entscheidungsforschung und der Homo oeconomicus

Die Kaufentscheidung von Kunden ist der Dreh- und Angelpunkt unternehmerischen Handelns. Interessant ist dabei vor allem, wie die Kaufentscheidung real abläuft – und nicht wie man sich den Ablauf idealisiert vorstellen kann. In erster Anerkennung der tatsächlichen Komplexität alltäglicher Kaufentscheidungen wurde vor einigen Jahren der Begriff der »Aufmerksamkeitsökonomie« geprägt, wonach Unternehmen in erster Linie um die Aufmerksamkeit ihrer Kunden in einer zunehmend informationsüberfluteten Umwelt kämpfen müssen. Das ist sicher richtig, greift aber durch diesen exklusiven Fokus auf einen Aspekt zu kurz – denn Aufmerksamkeit allein bringt keinen Umsatz. Sie ist bestenfalls eine notwendige Bedingung dafür.

Unternehmen müssen ihr Handeln als kontinuierlichen Versuch verstehen, nicht nur die Aufmerksamkeit, sondern vielmehr das Entscheidungsverhalten ihrer Kunden in ihrem Sinne zu beeinflussen. Die Kaufentscheidung der Kunden steht also im Zentrum jeder Marketingstrategie. Insofern sollten wir eher von einer *Entscheidungsökonomie* reden, denn schließlich überlebt jedes Unternehmen nur deshalb, weil sich eine hinreichend große Anzahl von Personen für den Kauf eines seiner Produkte entscheidet. Die Mechanismen dieser Entscheidungsökonomie zu erklären und sie zu differenzieren von den häufig in Unternehmen vorherrschenden idealtypischen Vorstellungen über den Ablauf realer Kaufentscheidungen, ist Ziel dieses Buchs.

Die meisten Unternehmen wissen nur sehr wenig über die konkreten Inhalte und den realen Ablauf des Kaufentscheidungsprozesses ihrer Kunden. Oftmals wissen sie weder wie lange er dauert noch welche Kriterien zu welchem Zeitpunkt die wichtigste Rolle spielen. In den allermeisten Fällen wird dabei auch übersehen, dass Entscheidungen oft von mehr als einer Person oder mit verteilten Rollen (Entscheider, Bezahler, Nutzer et cetera) getroffen werden. Vom ursprünglichen »Trigger« über den »Entscheidungsfunnel« bis hin zur eigentlichen Abwägung verschiedener Kriterien ersetzen plausibel erscheinende Annahmen häufig empirisch fundiertes Wissen. Und allzu oft wird die Dynamik einer Entscheidung – sei es eine individuelle oder eine Gruppenentscheidung – sträflich ignoriert. So gehen die meisten Unternehmen wie selbstverständlich davon aus, dass Preissenkungen oder Rabatte zu einem höheren Umsatz führen. Oder sie unterstellen regelmäßig, dass ein Produkt mit mehr Produkt-Features einem Produkt mit weniger Features bei gleichem Preis überlegen ist – obwohl oft genau das Gegenteil der Fall ist. Sie nehmen implizit an, dass der Kunde die Produktpreise der Konkurrenz im Blick hat und dass diese für seine Kaufentscheidung relevant sind. Dieser interne Tunnelblick auf den Preis als primäres Differenzierungsmerkmal wird selten hinterfragt, obwohl er die Rolle des Preises im Entscheidungsprozess des Kunden oft genug völlig unangemessen widerspiegelt.

Wie kann das sein? Man sollte meinen, dass auf Unternehmensseite sehr viel Zeit und Energie investiert wird, um den Entscheidungsprozess des Kunden und die jeweiligen Einflussfaktoren bei jedem Schritt im Detail zu verstehen und diesen dann entsprechend besser beeinflussen zu können. Das ist jedoch nicht der Fall. Dafür gibt es im Kern zwei Gründe:

1. Projektion der eigenen Expertise auf den Kunden. Die meisten Entscheider im Unternehmen gehen davon aus, dass sie den Entscheidungsprozess ihrer Kunden intuitiv gut genug kennen. Hinterfragt man das, stellt man fest, dass sich viele Entscheider den Kunden als sehr rational vorstellen; als jemanden, der die Anbieter, Produkte und Preise so gut kennt wie sie selbst. Sie stellen sich ihre Kunden also als *Homo oeconomicus* vor und zwar häufig ohne dass ihnen diese Annahme selbst bewusst ist. Im Gegenteil, spricht

man mit genau diesen Entscheidern über ihr eigenes Kaufverhalten in anderen Branchen, geben sie bereitwillig zu, wie schlecht sie informiert seien und wie unvernünftig viele ihrer Kaufentscheidungen seien. Diese Unvernunft gestehen sie ihren eigenen Kunden jedoch nicht zu. Das ist schade, denn hinter diesen vorhersagbar suboptimalen Kaufentscheidungen schlummern ungeahnte Potenziale – doch um sie zu erkennen, muss man sich vom Homo oeconomicus verabschieden. Dies trifft übrigens nicht nur auf die individuell handelnden Personen im Unternehmen zu, sondern diese allzu rationalistische Perspektive auf den Kunden beschreibt ein Problem, das für die Sichtweise der Kunden durch Unternehmen insgesamt gilt.

2. Rationalistische Forschungsmethoden. Wenn man intern den eigenen Annahmen nicht mehr glaubt oder unsicher ist, welche Präferenzen Kunden beispielsweise bezüglich eines neuen Produkts haben, wird die Marktforschung bemüht. Eigentlich eine vernünftige Idee, sollte man meinen, aber in der Tat gerät man damit häufig vom Regen in die Traufe: Die empirischen Entscheidungsforschungsmethoden sind nämlich exakt dem gleichen Kundenbild verschrieben wie der interne Entscheider und das Marketing allgemein. Sie analysieren Entscheidungsverhalten unter der Annahme, dass Kunden immer bewusst, bestens informiert und rational entscheiden. Sie unterstellen in der Art der Befragung und in ihrer Analyse perfekt informierte Kunden mit stabilen Präferenzen, ganz so wie man es von einem Homo oeconomicus erwarten würde. Wenn Methoden aber blind gegen reales Entscheidungsverhalten sind, werden in den Ergebnissen zwangsläufig wertvolle Potenziale übersehen und das rationale Bild vom Kunden, das per se vorherrscht, wird auch durch empirische Ergebnisse nicht korrigiert, weil die zugrunde liegenden Methoden ebenfalls vom Homo oeconomicus infiziert sind. Die empirische Forschung verliert so ihre dringend notwendige Funktion eines Korrektivs.

1.1 Der Homo oeconomicus als Leitbild im Unternehmen

Über Sinn und Unsinn des Homo oeconomicus

Hinter dem Unverständnis für real ablaufende Entscheidungsprozesse steckt also das Phantom des Homo oeconomicus. Der Glaube an ihn verstellt den Blick auf den echten Kunden. In diesem Sinne steckt hinter vielen desaströsen Preiskriegen nicht der Kunde, sondern vielmehr dieses Phantom, das viele Entscheider im Hinterkopf haben, wenn sie strategische Entscheidungen treffen.

Die Plausibilität dieses Kundenbilds ist der Grund dafür, dass es hartnäckig jeden Gegenbeweis überdauert. Denn die empirische Forschung hat mittlerweile tausendfach bewiesen, dass diese Vorstellung falsch ist. So können beispielsweise Produkte mit weniger Funktionen attraktiver wirken als Produkte, die mehr bieten oder einen größeren Nutzen versprechen. Dies widerspricht dem Entscheidungsverhalten eines Homo oeconomicus, der möglichst viel Leistung für möglichst wenig Geld erhalten möchte. Im Extremfall verhalten sich reale Kunden sogar völlig gegensätzlich: Sie bewerten manchmal ein Produkt, das »zu gut« ausgestattet ist, als zu teuer – obwohl es das im Vergleich zur Konkurrenz vielleicht gar nicht ist. Das liegt daran, dass sie hier leicht das Gefühl haben, für Leistungen bezahlen zu müssen, die sie gar nicht benötigen. Ein Produkt mit »weniger drin« kann sich also trotz ähnlich hohem Preis besser verkaufen, als eines mit mehr Leistung.

Der Grund hierfür ist, dass Menschen eine Kaufentscheidung nicht mit Blick auf das Preis-Leistungs-Verhältnis bewerten, wie es vielleicht rational wäre, sondern mit Blick auf das Preis-Nutzungs-Verhältnis. Eine Kaufentscheidung ist also dann richtig, wenn man möglichst viel dessen, was man bezahlt hat, auch nutzt. In diesem Fall ist »mehr« nicht automatisch besser, sondern das punktgenaue Treffen der Bedürfnisse ist entscheidend.

Was die Annahme des Homo oeconomicus so gefährlich macht, ist, dass sie in der Regel nicht ausgesprochen wird. Den meisten Entscheidern im Unternehmen ist gar nicht bewusst, dass sie eine Produkt-, Marketing- oder Vertriebsentscheidung auf Basis dieser Annahme getroffen haben. Daher wird diese auch nicht hinterfragt oder gar empirisch analysiert. Und wenn doch, dann tappen die meisten Forschungsinstrumente in die gleiche Annahmenfalle (siehe Kapitel 1.2).

Das Tückische ist, dass die Annahme des Homo oeconomicus bei manchen Produkten auf einen Teil der Kunden tatsächlich zutrifft und die Entscheider im Unternehmen dadurch unbewusst in ihren Vermutungen bestätigt werden. Oder noch schlimmer: Man kann Kunden teilweise sogar zu rationalen Entscheidern »erziehen«. Denn wenn Anbieter Rabatte säen, werden sie irgendwann Schnäppchenjäger ernten – und zwar mit all den negativen Konsequenzen, die damit einhergehen, dass Kunden sich nur noch am Preis orientieren. Nicht selten beschweren sich die Unternehmen dann über das Verhalten ihrer Kunden, obwohl sie es zum Teil selbst provoziert haben. Nicht selten werden zum Beispiel Autokäufern proaktiv Rabatte angeboten, ohne dass sie selbst danach gefragt hätten. Was löst ein derartiges Verkäuferverhalten beim Kunden aus? Es macht auch dem letzten Kunden klar, dass er über den Tisch gezogen wird, wenn er ein Auto ohne Rabattverhandlung einfach zum Listenpreis kauft. Es kann kaum den Kunden angelastet werden, wenn die Intensität der Rabattverhandlungen daraufhin zunimmt.

Das ganze Dilemma nimmt weiter Fahrt auf, wenn man sich vergegenwärtigt, dass über 80 Prozent der Vertriebsmitarbeiter in Märkten mit intensivem Preiskampf der Meinung sind, dass die Konkurrenten mit dem Preiskampf angefangen hätten und man selbst sei eben dann gezwungen gewesen, darauf zu reagieren. Dieses Ergebnis ist etwa so logisch wie das empirische Ergebnis, dass 93 Prozent aller Autofahrer der Meinung sind, sie würden besser fahren als der Durchschnitt aller Autofahrer (Svenson 1981). Im weiteren Verlauf werden wir mit dem österreichischen Mobilfunkmarkt und dem Berliner Zeitungsmarkt zwei Märkte analysieren, die zeigen, wie zerstörerisch solche Effekte mittelfristig sein können.

Die Annahme, Kunden würden sich wie ein Homo oeconomicus verhalten, ist also manchmal richtig, oft aber auch nur eine sich selbst erfüllende Prophezeiung. Vor allem die empirische Entscheidungsforschung der letzten Jahrzehnte hat immer wieder gezeigt, dass in sehr vielen Branchen der überwiegende Anteil der Kunden systematisch anders entscheidet als ein rationaler Entscheider. Bevor wir auf diese Ergebnisse und die vorhersagbare Systematik dieses suboptimalen Entscheidungsverhaltens eingehen und aufzeigen, wie sich diese Erkenntnis in der Unternehmensführung und im strategischen Marketing konkret nutzen lässt, werden wir zunächst das Entscheidungsmodell des Homo oeconomicus näher betrachten, um darauf aufbauend die Unterschiede zum realen Entscheidungsverhalten klarer herausarbeiten zu können.

Die Mythen des rationalen Entscheidens

Mr. Spock wäre ein hervorragender Homo oeconomicus

Mythos 1: Vollständige Information

Der Homo oeconomicus verfügt über vollständige Marktinformationen.

Mythos 2: Nutzenmaximierung

Der Homo oeconomicus vergleicht auf Basis stabiler Präferenzen den Nutzen verfügbarer Optionen und trifft so eine rein rationale, emotionslose und ausschließlich eigennützige Entscheidung.

Mythos 3: Minimaler Mitteleinsatz

Der Homo oeconomicus will sein Ziel mit minimalem Aufwand erreichen.

Das von vielen Entscheidern dem Kunden implizit unterstellte Entscheidungsmuster des Homo oeconomicus ist ein vereinfachtes Menschenbild, das davon ausgeht, dass der Mensch stets überlegt handelt. Ein bestimmtes Ziel soll mit minimalem Aufwand erreicht werden beziehungsweise bei vorgegebenem Aufwand soll ein möglichst attraktives Ziel erreicht werden *(minimaler Mitteleinsatz)*. Der Homo oeconomicus ist durch das Streben nach größtmöglichem Nutzen *(Nutzenmaximierung)*, die vollständige Kenntnis seiner wirtschaftlichen Entscheidungsmöglichkeiten und deren Folgen sowie die vollkommene Information über alle Märkte und Eigenschaften sämtlicher Güter *(vollständige Markttransparenz)* charakterisiert. Dieser modellhafte und idealtypische Entscheider handelt stets absolut rational und kennt dabei kein Zögern oder Zaudern, keine Unsicherheit oder wechselhafte Stimmungen. Der Homo oeconomicus kennt den Wert jeder existenten Option genau und trifft seine Entscheidung auf Basis eines Nutzenvergleichs vor dem Hintergrund völlig stabiler Präferenzen. Dabei optimiert er ausschließlich seinen eigenen Nutzen.

Im Kern wird der Homo oeconomicus also durch diese Grundannahmen beschrieben, auf die wir nachfolgend genauer eingehen wollen. Dabei wird deutlich werden, dass das Modell des Homo oeconomicus als Grundannahme für bestimmte volkswirtschaftliche Modelle sinnvoll sein mag, insbesondere wenn es um die Modellierung optimaler Märkte geht. Zur Beschreibung des individuellen Entscheidungsprozesses realer Kunden ist es jedoch völlig ungeeignet.

Mythos 1: *Vollständige Information*

Mit der Annahme der vollständigen Information wird unterstellt, dass der Kunde zum Zeitpunkt der Kaufentscheidung lückenlose Informationen über sämtliche Entscheidungsalternativen und deren Konsequenzen und somit vollständige Markttransparenz hat. Wie er diese vollständige Information im realen Leben erlangen soll, bleibt jedoch offen. Gerade in der heutigen Zeit mit einer zum Teil unüberschaubaren Vielfalt von Produkten, die oft auch noch im Monatstakt durch Produktinnovationen ersetzt werden, ist der Aufwand zur Beschaffung vollständiger Information nicht zu unterschätzen. Wer beispielsweise einen neuen Fotoapparat kaufen will, müsste sich zunächst von allen Anbietern Informationen über alle zur Verfügung stehenden Modelle inklusive aller Features beschaffen. In der Realität dürfte der Versuch schon allein deshalb scheitern, weil während des Zeitraums der Informationsbeschaffung, der einige Wochen in Anspruch nehmen dürfte, schon wieder neue Modelle auf den Markt gekommen und andere verschwunden sind und sich die Preise der Modelle mehrfach geändert haben.

Sollte es ein Kunde tatsächlich geschafft haben, all diese Informationen zu beschaffen, steht er dann vor der nicht minder herausfordernden Aufgabe, diese Informationen zu systematisieren, um dann eine rationale Entscheidung treffen zu können. Gemäß den Annahmen des Homo oeconomicus kann der Kunde aber auf Basis seiner persönlichen Nutzenfunktion problemlos aus der schier unüberschaubaren Vielfalt von Kameras das für ihn optimale Gerät auswählen. Die Entscheidung fällt ihm leicht, weil er einem bestimmten Produkt auf Basis seiner konstituierenden Produkteigenschaften einen klaren individuellen Maximalpreis zuweisen kann, den er zu zahlen bereit ist. In der Realität wären die meisten Menschen bereits komplett überfordert, wenn man ihnen eine Übersicht aller Modelle und Features vorlegen würde, mit der Bitte, sich auf dieser Basis für ein bestimmtes Modell zu entscheiden – geschweige denn alle Informationen selbst zu beschaffen und zu systematisieren. Und die Annahme, dass Menschen bestimmten Produkten oder ihren Eigenschaften einen klaren Wert und damit individuellen Maximalpreis zuordnen können, ist bar jeder psychologischen Realität, aber dennoch Kern des Annahmengebäudes um den Homo oeconomicus herum.

Auch hat die empirische Erforschung von realen Entscheidungsprozessen beim Kauf eines Fotoapparats gezeigt, dass nur die allerwenigsten Menschen sich tatsächlich vollständige Informationen beschaffen und auf dieser Basis entscheiden, wenn sie eine Kamera oder irgendein anderes Produkt kaufen. Menschen folgen in ihren Entscheidungen stattdessen eher Daumenregeln, die sich in der Vergangenheit als ausreichend sinnvoll erwiesen haben und einfach angewandt werden können. Diese Daumenregeln können beispielsweise auch das paradoxe Ergebnis erklären, dass eine größere Auswahl an Optionen dazu führt, dass weniger Menschen sich zu einer Kaufentscheidung durchringen können (siehe »Paradox of Choice«, Kapitel 2.1). Diese *Heuristiken* zu extrahieren und deren Trigger und Treiber zu analysieren, ist das eigentliche Ziel der Entscheidungsforschung. Im Laufe dieses Buchs werden wir auf diesen Aspekt wiederholt zu sprechen kommen, denn die Liste relevanter Entscheidungsheuristiken ist kürzer, als man vielleicht befürchten könnte, und letztlich sind sie der Schlüssel zu einer besseren Marketingstrategie.

Aber zurück zum Homo oeconomicus: Vollends absurd wird die Annahme vollständiger Information schließlich, wenn man sich klarmacht, dass eine rationale Entscheidung zwischen verschiedenen Optionen dem Homo oeconomicus notwendigerweise auch hellseherische Fähigkeiten abverlangt. Wenn sich ein Kunde auf Basis einer reinen Nutzenabwägung beispielsweise zwischen verschiedenen Automodellen entscheiden soll und hierfür die Kosten der geplanten sechsjährigen Nutzung des Autos berechnen will, dann muss er für eine korrekte Berechnung nicht nur die Zinsentwicklung, die Inflationsrate und die Reparaturen der nächsten sechs Jahre kennen, sondern auch den in sechs Jahren zu erzielenden Wiederverkaufswert aller zur Auswahl stehenden Automodelle.

Bei einer Vielzahl von Produkten, wie beispielsweise Lebensmitteln, lässt sich die Information darüber, ob man das Produkt mag, nur erlangen, indem man es zumindest einmal probiert. Erst dann kann der Kunde objektiv entscheiden, ob er diese oder eine andere Schokolade bevorzugt. Bei der heutigen Anzahl von Süßigkeiten und den ständig neu auf den Markt kommenden Produkten in diesem Bereich ist es für einen Kunden kaum möglich, auch nur bei diesem einen Produkt den Marktüberblick zu behalten. Noch schwieriger wird es, wenn ein Produkt gekauft wird, das im Idealfall gar nicht zum Einsatz kommt, wie beispielsweise eine Versicherung. Das Image des Anbieters bestimmt hier die Entscheidung für eine bestimmte Versicherung weit mehr als beispielsweise die tatsächliche Schadensabwicklung, die der Großteil der Kunden nie erleben wird, weil es gar nicht zum Versicherungsfall kommt.

Schon diese wenigen Beispiele zeigen, dass die Annahme vollständiger Information keine sinnvolle Grundlage für die Abbildung von real stattfindenden Entscheidungsprozessen sein kann. Dennoch gehen viele Unternehmen wie selbstverständlich davon aus, dass der Kunde die Preise und Features ihres Produkts und der Wettbewerbsprodukte mindestens genauso gut kennt wie die Mitarbeiter des Unternehmens selbst, die sich den ganzen Tag ausschließlich mit diesem Produkt beschäftigen.

Mythos 2: Nutzenmaximierung

Die Annahme der Nutzenmaximierung unterstellt, dass jeder Kunde zu jedem Zeitpunkt jedem Produkt für sich persönlich einen genau definierten Nutzen zuordnen kann und daher genau weiß, wie hoch seine persönliche Zahlungsbereitschaft für dieses Produkt maximal ist. Eng verwoben mit dieser Annahme sind darüber hinaus noch zwei weitere Aspekte: Erstens wird unterstellt, dass Menschen stabile Präferenzen haben, also ein bestimmtes Produkt immer gleich attraktiv ist, egal in welchem Kontext es angeboten wird. Zweitens wird unterstellt, dass die Nutzenmaximierung nur das eigene Wohl im Sinne hat und rein egoistisch getrieben ist. Motive wie Altruismus haben keinen Platz, sofern sie nicht in Wahrheit auf die eigene Selbsterhöhung abzielen. Empirische Untersuchungen zeigen jedoch, dass weder Produktattraktivität noch Zahlungsbereitschaft stabil sind, sondern stark von den jeweiligen Umständen abhängen.

Der Nutzen und damit die Zahlungsbereitschaft hängen zudem nicht nur von der eigenen Verfassung ab, sondern werden auch stark durch rein externe Aspekte bestimmt. Ein kleines Gedankenspiel soll dies verdeutlichen. Stellen Sie sich vor, Sie liegen im Urlaub entspannt unter einem Sonnenschirm am Strand und lesen ein Buch. Nach einiger Zeit bekommen Sie Lust auf ein Bier. An diesem Strand gibt es zwei

Möglichkeiten, Bier zu kaufen: entweder die nahegelegene Poolbar eines Fünf-Sterne-Hotels oder, in ungefähr gleicher Entfernung, einen Strandkiosk. Beide verkaufen das gleiche Bier, allerdings zu unterschiedlichen Preisen.

In einem Experiment von Kahneman, Knetsch und Thaler (1986) wurde untersucht, wie hoch die Zahlungsbereitschaft für dieses Bier ist. Ist den Probanden der Preis für das Bier im Grunde egal? Oder ist der Preis für das Bier davon abhängig, wo sie es holen? Wie viel würden sie für ein Bier vom Strandkiosk zahlen? Und was wären sie bereit für ein Bier aus der Poolbar auszugeben? Das Ergebnis des Experiments war, dass die Befragten für ein Bier am Strandkiosk etwa 1,50 Dollar zu zahlen bereit gewesen wären, an der Poolbar jedoch 2,65 Dollar, also über 75 Prozent mehr. Auch wenn die absoluten Preise für Bier heute natürlich deutlich höher wären als in diesem Experiment aus den 80er-Jahren, hat sich am menschlichen Verhalten nichts geändert: Die meisten Menschen haben eine höhere Zahlungsbereitschaft, wenn das Bier aus einem Luxushotel kommt, als wenn es vom Strandkiosk kommt. Da es sich jedoch um das gleiche Bier handelt, für den Kunden also genau der gleiche Nutzen entsteht, sollte nach dem Modell des Homo oeconomicus auch seine Zahlungsbereitschaft genau gleich sein. Wenn er also bereit ist, für ein Bier aus dem Luxushotel einen bestimmten Preis zu zahlen, dann dürfte ihn dieser Preis auch beim Strandkiosk nicht stören.

Die Annahme eines individuellen Maximalpreises ist zwar auf den ersten Blick plausibel, aber ein Konstrukt ohne psychologische Realität. Wie wir im Folgenden an einer Vielzahl von Beispielen sehen werden, ist die Zahlungsbereitschaft vor allem vom Kontext der Entscheidung abhängig und kann auch bei ein und derselben Person von Situation zu Situation stark variieren.

Mythos 3: Minimaler Mitteleinsatz

Die Annahme des minimalen Mitteleinsatzes unterstellt, dass der Kunde für ein bestimmtes Produkt möglichst wenig Geld zahlen will oder für einen gegebenen Preis möglichst viel von dem Produkt erhalten will. Gleichzeitig wird implizit unterstellt, dass der Kunde den Preis für das Produkt kennt und dieser Preis für ihn von Bedeutung ist. Empirische Forschungen zur Attraktivitätsbewertung von Angeboten zeigen aber, dass Menschen keineswegs entscheiden, indem sie die Teilnutzen der einzelnen Produktmerkmale einfach aggregieren. Sehr häufig lässt sich die Gesamtattraktivität eines Produkts viel besser mit einem Durchschnittsmodell simulieren: Mit jedem weiteren Feature des Mobilfunkangebots, das der Kunde aber nicht wirklich dringend braucht (= unterdurchschnittliche Attraktivität) sinkt der durchschnittliche Nutzen des Angebots.

So haben wir in eigenen Experimenten zeigen können, dass von bestimmten Kundensegmenten ein bestimmter Handytarif zu einem bestimmten Preis attraktiver bewertet wird, wenn er keine pauschalen Auslandsfreiminuten beinhaltet. Hier war also weniger Leistung zum gleichen Preis attraktiver, weil die besagten Kundensegmente diesem Feature wenig Attraktivität zuschrieben. Die durchschnittliche Attraktivität aller enthaltenen Merkmale sank dadurch. Wenn ein Kunde also schon weiß, dass er in der Regel nicht ins Ausland telefonieren will, dann bewertet er ein Angebot mit Auslandsfreiminuten schlechter als das gleiche Angebot ohne Auslandsfreiminuten. Ein klassischer Homo oeconomicus würde aber bei gleichem Preis immer ein Angebot mit mehr Leistung bevorzugen. Die durchschnittliche Attraktivität wäre ihm völlig gleichgültig. Für den realen Kunden ist es jedoch unattraktiv, Leistung zu erhalten, die er nicht nutzt, weil er die Attraktivität – anders als der Homo oeconomicus – nicht nach Preis-Leistungs-Verhältnis, sondern nach Preis-Nutzungs-Verhältnis bewertet (und Auslandsfreiminuten nutzt nun einmal nicht jeder). Schließlich gehen die meisten Menschen stillschweigend davon aus, dass man für alle erhaltenen Optionen in der einen oder anderen Form bezahlen muss, egal ob man sie nun nutzt oder nicht. Und für etwas implizit zu zahlen, was man nicht nutzen kann oder will, kommt bei den allermeisten Kunden nicht gut an.

Wichtig ist, dass nicht notwendigerweise in jeder Entscheidungssituation alle Annahmen des Homo oeconomicus falsch sind. Manchmal können einige zutreffen. Doch die bisherigen Beispiele zeigen bereits, dass die Annahmen keineswegs für jede Entscheidungssituation und alle Entscheider richtig sind. Deshalb hilft einem Unternehmen, das die Entscheidungen seiner Kunden beeinflussen will, nur eines: die Annahmen nicht einfach fraglos zu akzeptieren, sondern sie für jeden Einzelfall empirisch zu prüfen. Erst dann kann man die Entscheidungssituation der Kunden wirklich verstehen, was wiederum die Grundlage für die Beeinflussung von Entscheidungen bildet.

1.2 Der Homo oeconomicus als Leitbild der Forschung

Der Geburtsfehler der Entscheidungsforschung

Normalerweise werden falsche Annahmen in relativ kurzer Zeit durch die empirische Forschung aufgedeckt und durch angemessenere Annahmen ersetzt. Leider liegt auch den klassischen Forschungsansätzen zum Entscheidungsverhalten unbewusst die Hypothese des Homo oeconomicus zugrunde, was eine empirische Aufdeckung der falschen Annahmen quasi unmöglich macht. Die Entscheidungsforschung kann ihre Funktion als Korrektiv plausibler Modelle und Ideen demnach nicht wahrnehmen.

Damit kommen wir zu einem grundlegenden Aspekt dieses klassischen Entscheidungsmodells, der bei dessen Entwicklung völlig klar war, aber offensichtlich in der Zwischenzeit in Vergessenheit geraten ist: Der Homo oeconomicus war niemals als deskriptives Modell gedacht. Es wurde ursprünglich als vereinfachtes Menschenbild für die Volkswirtschaft entwickelt, das sich gut in wenige mathematische Formeln packen ließ und mit dem man normativ richtiges Entscheidungsverhalten in Märkten modellieren konnte. Es ging also darum zu definieren, wie ideales Entscheidungsverhalten aussieht und was in Märkten passieren würde, wenn sich alle Marktteilnehmer entsprechend verhalten würden.

Der Homo oeconomicus ist also ein theoretisches Konstrukt, das nie dafür gedacht war, reale Entscheidungsprozesse von realen Menschen abzubilden. Und doch hat er sich in unseren Köpfen festgesetzt und ist omnipräsent. Dabei können die wenigsten Menschen mit dem wissenschaftlichen Begriff »Homo oeconomicus« etwas anfangen oder kennen ihn überhaupt. Aber die zugrunde liegenden Prinzipien erscheinen uns intuitiv richtig, denn ein bisschen schmeicheln sie uns. Wahrscheinlich ist der Glaube an den Homo oeconomicus deshalb so populär und ungebrochen, weil wir uns selbst gerne so sehen würden: als rationale und unbestechliche Entscheider, die den vollen Überblick haben und immer das Beste für sich herausholen. Wir finden es schwierig, uns selbst einzugestehen, dass wir vielleicht auch Entscheidungen treffen, die objektiv betrachtet falsch sind. Wir hören nicht gerne, dass wir überhaupt keinen Durchblick haben oder dass wir eine suboptimale Entscheidung getroffen haben – und dies auch zukünftig in regelmäßiger, stabiler und damit vorhersagbarer Weise tun werden.

Der Übergang von einem ursprünglich bewusst normativ formulierten Entscheidungsmodell (also einer Beschreibung, wie man sich verhalten sollte) zu der Annahme, dass dies auch als deskriptives Modell taugen könnte (also einer Beschreibung, wie Menschen tatsächlich entscheiden), verlief schleichend und weitgehend unreflektiert. Dies betrifft nicht nur die Ebene der Entscheidungstheorie, sondern fand parallel auch auf methodischer Ebene statt. Der Mythos des Homo oeconomicus wird aus zwei Gründen am Leben erhalten: weil die Entscheider in den Unternehmen dieses Modell seit Studientagen in ihren Köpfen haben und weil die klassischen Marktforschungsmethoden auf den exakt gleichen Annahmen aufbauen – und zwar ebenso implizit und ebenso selten hinterfragt.

Dieses schleichende Verwechseln von normativ und deskriptiv auf theoretischer wie methodischer Ebene könnte man als den großen Geburtsfehler der Entscheidungsforschung ansehen. Es handelt sich um eine bis heute erhaltene konzeptionelle Unschärfe, ohne die in Theorie und Praxis viele gravierende Fehler vermieden worden wären. Praxisbeispiel 2 in Kapitel 4.2 illustriert erstens sehr eindrücklich, wie der fest verankerte, aber nie empirisch hinterfragte Glaube an ein bestimmtes Kundenbild eine ganze Branche über Jahrzehnte um Margenpotenziale gebracht hat. Zweitens zeigt es, wie diametral sich der tatsächliche Kunde in Wahrnehmung und Entscheidungsverhalten von dem intern gepflegten Kundenbild unterscheidet. Und drittens wird klar, wie durch ein valideres Kundenbild Ergebnissprünge erreicht werden können, die man kaum für möglich halten würde.

Dass diese grundlegende Modellfrage (normativ versus deskriptiv) sträflich vernachlässigt wurde, zeigt auch die umgekehrte Überlegung, also das konsequente Weiterdenken des rationalen Entscheidungsmodells in Bezug auf dessen Marketingimplikationen: Wenn dieses Menschenbild auch nur im Entferntesten der Realität entspräche, wäre nämlich vieles von dem, was wir als Marketing kennen, völlig sinnlos und würde sich in noch viel stärkerem Maße auf reines Preismarketing reduzieren, als wir es ohnehin schon in einigen Branchen beobachten können. So würde Mythos 1, die vollständige Information, Marketing jenseits reiner Informationsbereitstellung überflüssig machen, da der Kunde über vollständige Information verfügt und es daher sinnlos wäre, ihm die USPs des eigenen Produkts in den schönsten Farben auszumalen. Ein rationaler Entscheider wäre dafür kaum zugänglich. Gemäß Mythos 2, der Nutzenmaximierung, wäre zudem jeder Versuch der Einflussnahme auf die Entscheidung des Kunden, beispielsweise durch Werbung, von vornherein zum Scheitern verurteilt, da der Kunde eine rein rationale Entscheidung aufgrund seiner persönlichen situationsunabhängigen Präferenzen trifft. Dem Unternehmen bliebe demnach gemäß Mythos 3 nur noch die Möglichkeit, dem Kunden zu helfen, sein Ziel mit minimalem Aufwand zu erreichen. Im Falle eines Produktverkaufs also lediglich die Option, den Vertrieb – also Verfügbarkeit und Barrierefreiheit des Kaufs – zu optimieren oder die Preise zu senken beziehungsweise Rabatte zu gewähren.

Die Annahme impliziert, dass Kunden wie Unternehmen das gleiche Motiv verfolgen – nur mit umgedrehten Vorzeichen: Der eine versucht, möglichst viel zu bekommen, der andere dagegen, möglichst wenig zu bezahlen. Der gesamte Entscheidungsprozess reduziert sich auf den

Preis und wäre ein klassisches Nullsummenspiel: Es ginge lediglich darum, einen möglichst optimalen Kompromiss zwischen der Preisbereitschaft der Kunden und der Preisforderung des Unternehmens zu finden. Die »Nullsummen-Hypothese« scheint im ersten Moment einleuchtend. Sofern sie zutrifft, genügt eine reine Messung der Preisbereitschaft als Grundlage der Marketingstrategie. Ist sie aber falsch, kann die Preisoptimierung anhand dieser Methoden teure Konsequenzen für den Anbieter haben: Unterscheiden sich nämlich Kunden auch hinsichtlich ihrer Motive, gehen durch eine reine Messung der Preisbereitschaft wichtige Informationen verloren. Die unvermeidliche Konsequenz ist verschenkter Gewinn, weil die optimale Strategie auf Basis dieser eindimensionalen Analyse nicht gefunden werden kann. Wie wir im Folgenden sehen werden, ist auch Mythos 3 in der Regel nicht korrekt, sodass durch Preissenkungen und Rabatte oft genug das Gegenteil erreicht wird.

Und doch sind es genau diese Forderungen nach Preissenkungen und Rabatten, die man vom Vertrieb häufig hört, wenn beispielsweise aufgrund einer Wirtschaftskrise die Umsätze einbrechen. Über Rabatte und Preisschlachten wird versucht, den Marktanteil zu halten. Das sind die ersten und oft einzigen Optionen, die den meisten Managern einfallen, weil auch sie das Bild des Homo oeconomicus unbewusst verinnerlicht haben. Die Annahme ist: je höher der Preis, desto geringer der Absatz; je geringer der Preis, desto höher der Absatz. Wenn also der Absatz zu gering ist, muss man nur den Preis senken – und schon steigt der Absatz und die Welt ist wieder in Ordnung. Leider werden bei dieser Strategie vollkommen unnötig erhebliche Margenpotenziale verschenkt. Ein besonders tragisches Beispiel hierfür liefert die Insolvenz der Baumarktkette Praktiker im Sommer 2013, die über viele Jahre hinweg mit regelmäßigen, hohen und inhaltlich völlig unbegründeten Rabattangeboten ihr eigenes Preisimage systematisch untergraben hat, indem alle paar Monate ein Rabatt von 20 Prozent auf das gesamte Sortiment gegeben wurde. Dabei stieg die Frequenz bis zur Insolvenz massiv an: Waren 2003 noch maximal zwei Aktionszeiträume geplant, waren es 2007 bereits 110 Tage, an denen »20 Prozent auf alles (außer Tiernahrung)« gegeben wurde. Bis zur Insolvenz im Sommer 2013 hob Praktiker zuletzt auch noch die Prozentsätze an und rückte so die Wichtigkeit von Preis und Rabatt erst recht ins Zentrum des Kundeninteresses.

In der Realität führte diese Kampagne aber nicht dazu, dass Praktiker als besonders preisgünstig wahrgenommen wurde. Im Gegenteil: Die Kunden vermuteten, dass wohl das normale Preisniveau deutlich überzogen sein müsse, wenn ein Anbieter Kunden unbegründet und regelmäßig 20 Prozent Rabatt einräumen kann. Folglich ging man nur noch zu diesem Baumarkt, wenn es gerade eine entsprechende Aktion gab. Der rabattierte Preis wurde so subjektiv zum eigentlichen Referenzpreisniveau. Gleichzeitig wurde dadurch implizit die Theorie der Entscheider im Unternehmen gestützt, dass der Preis für die Kunden das einzige Entscheidungskriterium sei und man nur über hohe Rabatte überhaupt etwas verkaufen könne. Die Rabattaktion, über die man sich als rationaler Kunde eigentlich hätte freuen sollen, wurde zum Standard, und der Standardpreis außerhalb der Rabattaktion wurde als zu teuer eingestuft.

Doch hier ist Praktiker nicht allein, sondern eher die Spitze des Eisbergs der missglückten Preisstrategien: Viele Möbelhäuser versuchen diesem Beispiel der unbegründeten Rabattaktionen nachzueifern. Das ist umso erstaunlicher, wenn man bedenkt, dass der Branchenprimus Ikea mit einer fast völlig rabattfreien Marketingstrategie seit Jahren extrem erfolgreich ist. Rabatte werden bei Ikea nur sehr selten und jeweils nur auf eine Handvoll Produkte aus dem riesigen Gesamtsortiment gewährt. Diese Preisnachlässe gelten in den meisten Fällen zudem nur für Ikea-Family-Card-Mitglieder. Sie dienen also weniger der Absatzförderung, sondern sind eher Marketingmaßnahmen für die Ikea Family Card, die dem Unternehmen danach zielgerichtete Direktmarketing- und Kundenbindungsmaßnahmen ermöglicht.

Die Fragmentierung des Kunden in der Forschung

Der folgende Text basiert auf einem Artikel, der 2006 von ESOMAR mit der Nominierung für den Fernanda Monti Award für das Overall Best Paper ausgezeichnet wurde (Bauer 2006).

Auch in der Forschung, die ja eigentlich fehlerhafte Annahmen und Hypothesen aufdecken und bereinigen sollte, ist der Homo oeconomicus also fest verankert. Er hat sich nachhaltig in einer Vielzahl klassischer Methoden, Designs und Befragungsansätze eingeschlichen. Dabei ist vielen Forschern nicht unbedingt bewusst, dass sie ihren Kunden das Entscheidungsverhalten eines Homo oeconomicus unterstellen. Viele klassische Methoden werden bedenkenlos verwendet, ohne dass man sich mit den zugrunde liegenden Annahmen, in denen oft der Homo oeconomicus schlummert, kritisch auseinandersetzt.

Das ist insbesondere deshalb fatal, weil dadurch der Weg zu einem tatsächlichen Verständnis für den Entscheidungsprozess des Kunden oft versperrt wird und damit viele Handlungsmöglichkeiten, die das Unternehmen eigentlich hat, gar nicht thematisiert und genutzt werden können. Im festen Glauben an den Homo oeconomicus wird immer wieder Marge zerstört und Chancen bleiben unerkannt. Bewusst oder unbewusst verzerrt die klassische Entscheidungsforschung systematisch, was sie eigentlich verstehen will – den Kunden – und verliert damit ihre Funktion als Erkenntnisbringer und vor allem als notwendiges Korrektiv für die oft allzu rationalistische »Denke« im Unternehmen, wie wir sie eben beschrieben haben.

In jeder Phase eines Forschungsprojekts geschieht dies auf andere, aber jeweils sehr charakteristische Weise. Die Ursachen hierfür sind in den klassischen Ansätzen und Forschungsmethoden zu suchen, die implizit von rationalem Verhalten ausgehen und deshalb manche Aspekte erfassen, andere aber sträflich ignorieren. So werden Wechselwirkungen übersehen und isolierte Ergebnisse übergeneralisiert. Vor allem aber wird das psychologische Modell des Kundenverhaltens nicht hinterfragt, das zwingend jeder Forschungsmethode zugrunde liegt. Das ist der wunde Punkt der Entscheidungsforschung: Während andere empirische Wissenschaften streng zwischen empirischer und theoretischer Ebene differenzieren und Letztere ausgiebig als Grundlage für die Methodenentwicklung diskutieren, ist die klassische Entscheidungsforschung bis heute weitgehend atheoretisch geblieben und rein auf Methoden fixiert. Da es aber keine »modellfreien« Methoden gibt, schleicht sich aus Mangel an expliziten Modellen auch in der Entscheidungsforschung ersatzweise der Homo oeconomicus ein.

In den folgenden Abschnitten werden die einzelnen Stufen eines klassischen Forschungsprojekts in der Entscheidungsforschung analysiert: von der Entwicklung der Forschungsfrage über die Planung des Designs und die Auswahl der Methoden bis hin zur Auswertung und abschließenden Interpretation der Ergebnisse.

Es wird gezeigt, wie systematisch das Verständnis des Kundenverhaltens in jeder Stufe verzerrt wird. Anhand von Forschungsresultaten und Fallstudien werden in jeder Stufe die kritischen Annahmen und Vorgehensweisen dar- und alternative Ansätze vorgestellt. Obwohl dies auf alle Gebiete der Entscheidungsforschung zutrifft, werden die Thesen in diesem Kapitel zum besseren Verständnis vor allem am Beispiel der Preisforschung erläutert, denn hier sind die Nachteile einer allzu rationalistischen Forschung am besten zu illustrieren. Im weiteren Verlauf des Buchs werden die Aspekte auch auf andere Themenbereiche übertragen.

Fehler 1: Thematische Fragmentierung durch die Fragestellung

In der Mobilfunkindustrie lautet die klassische Briefingfrage in Preisoptimierungsprojekten: »Wie weit müssen wir den Preis senken, um unsere alten Kunden zu halten und neue zu gewinnen?« Da alle Anbieter diese Frage stellen und daraufhin eine erhebliche Anzahl von Projekten durchführen, die primär auf die Preishöhe fokussieren, führt dies zu einem sich zunehmend verschärfenden Preiskrieg. Im schlimmsten Fall kann die Preisspirale so weit hinabführen, dass kaum ein Wettbewerber mehr Profit macht. Ein gutes Beispiel hierfür ist der Mobilfunkmarkt in Österreich. Hier ist das Preisniveau vor einigen Jahren derartig gesunken, dass der gesamte Markt ohne seine beträchtlichen Roaming-Einnahmen wahrscheinlich nicht mehr profitabel wäre.

Aber ist dies aus der Verbraucherperspektive überhaupt die richtige Briefingfrage? Oder könnte es sein, dass diese Frage das Kernproblem aus Kundensicht gar nicht wirklich erfasst? Sollte man nicht lieber einen Schritt früher anfangen und fragen, welche Rolle der Preis im Entscheidungsprozess spielt, ohne übereilt gleich nach einem niedrigeren Preisniveau zu fragen? Schauen wir uns an, was herauskommt, wenn wir die Frage so stellen.

Aus Sicht des Verbrauchers ist der Preis zu einem sehr unangenehmen und aversiven Thema geworden. Darüber hinaus hat gegenwärtig nur einer von zehn Kunden das Preismodell, das für ihn tatsächlich am günstigsten wäre. Da die meisten Kunden nicht mit der hohen Komplexität von Preismodellen zurechtkommen, kann man heute feststellen, dass ein Großteil seine Entscheidungsstrategie nach und nach umgestellt hat. Die Kunden versuchen nun nicht mehr, das beste Angebot zu finden, sondern nur noch eines, das keine »bösen Überraschungen« in sich birgt und als insgesamt akzeptabel erscheint. Dennoch investieren die meisten Anbieter immer noch den größten Teil ihres Marketingbudgets in die Kommunikation mit den Kunden über eben jenes unangenehme Thema (Preishöhe), ohne dabei das tatsächliche Anliegen der Kunden zu berücksichtigen.

Basierend auf diesen Einsichten hat der Mobilfunkanbieter Orange in der Schweiz vor einigen Jahren das Preismodell »Optima« gestartet. Optima selbst umfasst mehrere, jeweils auf bestimmte Nutzertypen zugeschnittene Preismodelle, die in Grundpreis und Leistung gestaffelt sind. Diese zugrunde liegenden Preismodelle haben mehr oder weniger die gleiche Komplexität wie alle anderen auf dem Markt auch. Das Besondere daran ist jedoch, dass der Kunde abhängig von seinem monatlichen Nutzungsmuster rückwirkend jeden Monat in dasjenige Preismodell eingeordnet wird, das zur niedrigsten Rechnung führt. Dieses Modell zielt auf das zunehmende Bedürfnis der Kunden nach Preissicherheit und Fairness ab. Zusätzlich wird Optima dadurch mit anderen Modellen auf dem Markt weniger vergleichbar.

Optima war so erfolgreich, dass der Tarif über viele Jahre beibehalten wurde, was eine absolute Seltenheit in einem Markt ist, in dem jeder Anbieter normalerweise mindestens jährlich die Tarifmodelle wechselt.

Zudem gelang es mit diesem Tarif zeitweise sogar, bei einzelnen Tarifelementen die Preise zu erhöhen – und das in einem Markt, in dem die Preise weltweit stetig sinken.

Indem man eine phänomenologische Frage (»Welche Rolle spielt Preisgestaltung überhaupt im Entscheidungsprozess des Verbrauchers?«) statt einer produktzentrierten Frage stellte (»Wie tief müssen wir mit unserem Preis gehen?«), konnten neue Ansatzpunkte gefunden werden, um die tatsächlichen Bedürfnisse der Kunden – Fairness statt Preishöhe – direkt anzusprechen, ohne dabei den Preisdruck auf dem Markt zu erhöhen. Dadurch konnte das Wettbewerbsumfeld in diesem Kundensegment sehr erfolgreich verändert werden.

Dieses Beispiel zeigt uns zwei Dinge: Erstens sind die Forschungsfragen oft viel zu eng gefasst und zweitens sind sie zu sehr unternehmenszentriert. Das ist der Kern der *thematischen Fragmentierung*. Dadurch wird die Kundendenke automatisch an die Unternehmensdenke angeglichen. Dabei sind es oft gar nicht die Kunden, die preisfixiert sind, sondern es ist die grundlegende Fragestellung, die sie dazu macht (»Wie tief müssen wir gehen …?«).

Dies ist nur eines von vielen Beispielen, die zeigen, dass die Ergebnisse von Marktforschungsprojekten bereits in der Briefingphase durch eine ungeeignete Forschungsfrage begrenzt, vorbestimmt oder sogar verzerrt werden. Forscher müssen lernen, Produkte aus der Sicht der Kunden und nicht aus der Sicht des Unternehmens zu betrachten. Das klingt zunächst einfacher als es ist, besonders da es weniger Zeit, Geld und Aufwand kostet, direkt die Frage des Auftraggebers zu übernehmen.

Fehler 2: Dynamische Fragmentierung durch das Forschungsdesign

Auch wenn die Forschungsfrage durch die Brille der Kunden gesehen wird, so ignorieren die Forschungsdesigns, die zu ihrer Beantwortung entwickelt werden, größtenteils die Dynamik des realen Entscheidungsverhaltens. Wenn man wissen will, welche Rolle beispielsweise die Preisgestaltung im Entscheidungsprozess der Verbraucher spielt, dann sollte man nicht versuchen, diese Frage mit einer statischen Trade-off-Methode zu beantworten, die darauf abzielt, die absolute Relevanz des Preises im Vergleich mit einer Reihe anderer Produktelemente, wie etwa Marke, Gerät et cetera abzuwägen. Warum nicht? Weil Menschen Entscheidungen so einfach nicht treffen.

Wenn es das Ziel ist, den Entscheidungsprozess des Verbrauchers zugunsten eines Produkts zu beeinflussen, dann sollte man versuchen, diesen Prozess erst einmal zu verstehen. Und da ein Prozess per Definition eine zeitliche Abfolge ist, kann dies nicht aus einer statischen Perspektive heraus geschehen. Solange man implizit davon ausgeht, dass Kunden Entscheidungen unmittelbar innerhalb von Sekunden treffen, wird es nicht möglich sein, ihre Dynamik zu verstehen, ihre Ergebnisse vorherzusagen und die damit verbundenen Geschäftsmöglichkeiten zu erkennen. Ein Prozess kann nur verstanden werden, wenn er über einen Zeitraum hinweg betrachtet wird. Es reicht einfach nicht aus, lediglich Momentaufnahmen von verschiedenen Entscheidern in verschiedenen Prozessphasen zusammenzustellen, um ihn zusammenhängend als Ganzes zu verstehen. Im Detail werden wir dies im Praxisbeispiel 4 (siehe Kapitel 4.4) erläutern.

Die meisten Menschen würden gerne rational entscheiden und geben sich auch vor sich selbst größte Mühe, für eine emotional getroffene Entscheidung nachträglich rationale Gründe zu finden. Wer würde schon auf die Frage eines Kollegen, warum man eine bestimmte Waschmaschine gekauft hat, antworten: »Keine Ahnung« oder »Weil die gerade beim Händler herumstand«? Wenn wir den Kunden also einige Monate vor oder nach seiner Entscheidung befragen, bekommen wir mit großer Wahrscheinlichkeit Gründe genannt, die gar nicht so weit weg sind vom Homo oeconomicus. Da uns aber nicht interessiert, wie Kunden glauben zu entscheiden, sondern wie sie wirklich entscheiden, bleibt uns nichts anderes übrig, als sie direkt bei der Entscheidung selbst, mehrmals in den verschiedenen Phasen des Entscheidungsprozesses, zu befragen oder diese Einsichten aus der Beobachtung von realem Kaufverhalten in experimentell variierten Situationen zu erschließen (zum Beispiel zur Analyse der Effekte unterschiedlicher Produktplatzierungen).

Wenn man die individuelle Dynamik menschlichen Verhaltens schon im Forschungsdesign ignoriert, kann dieses nur schwer valide Prognosemodelle hervorbringen. Statische Querschnittsbefragungen, selbst viele davon, können diese Informationen nicht liefern, sind aber der Standard in der Forschung. Sie sind die Ursachen der *dynamischen Fragmentierung*. Echte Längsschnittstudien sind dagegen absolute Raritäten. Kaufverhalten ist meist leicht nachvollziehbar, wenn man seine Genese kennt. Wenn diese jedoch nicht beachtet wird, können Kundenentscheidungen nie wirklich verstanden und ebenso wenig neue Geschäftsmöglichkeiten entwickelt werden. Deshalb muss die Forschung die dynamische Dimension des Kundenverhaltens entdecken. Forscher müssen sich von statischen Kundensegmenten verabschieden und die Vorstellung dynamischer Prozesssegmente akzeptieren. Denn diese sind für das Verständnis von Kaufentscheidungen viel wichtiger als beispielsweise soziodemografische Aspekte oder Milieus.

Fehler 3: Kontextuelle Fragmentierung durch die Methode

Nachdem das Forschungsdesign definiert wurde und Fragebogen sowie Kontext des Interviews bestimmt sind, werden Personen rekrutiert und befragt. Meist unterscheidet sich die Interviewsituation jedoch deutlich von der Situation, auf die die Fragen abzielen. Menschen werden über ihren Entscheidungsprozess am Point of Sale (PoS) oder ihre Erfahrungen beim Autofahren befragt, jedoch geschieht dies vor einem völlig anderen Hintergrund und durch Fragen, die sie vielleicht niemals selbst für wichtig gehalten hätten. Diese Diskrepanz führt zwangsläufig zu einer *kontextuellen Fragmentierung,* die in klassischen Forschungsmethoden meist völlig ignoriert wird.

Bei der Konzeption der Datenerhebung neigen Forscher erstens häufig dazu anzunehmen, dass Befragte sich von der typischen Interviewsituation ablösen können und dass sie sowohl gewillt als auch fähig sind, valide Aussagen über ihr Verhalten in anderen Situationen zu machen. Diese Antworten werden für unempfindlich gegenüber dem Interviewkontext und dem aktuellen emotionalen Zustand des Befragten gehalten. Man erwartet wahre, handfeste und realistische Antworten sowie logisches Denken auf direkte Fragen, während der Einfluss emotionaler Reaktionen auf die Interviewsituation ausgeschlossen wird.

Zweitens beschränken viele Forscher die Bandbreite der Fragen viel zu sehr auf die rationalen Aspekte des Kundenverhaltens. Diese Fragen sind oft stärker auf eine bequeme und direkte Analyse ausgerichtet, anstatt zu versuchen, die »Psycho-Logik« des Verbrauchers zu berücksichtigen. Man zerlegt und analysiert statisch jeden einzelnen mutmaßlich logischen Aspekt der Entscheidung. So braucht man dann nur noch alle Stücke zusammensetzen, um vorhersagen zu können, was die Kunden das nächste Mal im Geschäft oder am Point of Sale tun werden.

Menschen entscheiden aber eben nicht immer rational und ein Großteil der Entscheidungen wird auf Basis unvollständiger Informationen getroffen. Eine Vielzahl der Entscheidungen kann so nicht nachvollzogen werden. Untersuchungen bei Banken zeigen, dass schon bei einem einfachen Preisvergleich von zwei verschiedenen Preismodellen für Girokonto und Depot über 60 Prozent der Kunden in einem Testversuch nicht in der Lage waren, das preisgünstigere Gesamtpaket korrekt zu beurteilen. Viele Kunden haben außerdem einfach keine Zeit, sich alle Informationen zu beschaffen, und auch keine Lust, umfangreiche Broschüren durchzulesen. Dabei wissen sie sehr wohl, dass sie eigentlich nicht ausreichend informiert sind, um eine Entscheidung zu treffen. Dennoch tun sie es – auch auf Basis unvollständiger Information. Zudem lassen sich Menschen im realen Leben durch Entscheidungsprozesse unter Druck setzen. Besonders bei größeren Entscheidungen entsteht eine zusätzliche Belastung durch die Angst vor Fehlentscheidungen. Gleichzeitig wird der Druck, sich zu entscheiden, mit der Zeit immer größer, weil man die Entscheidung als sehr belastend empfindet und sie endlich vom Tisch haben will. Daraus resultieren Entscheidungen, die später rational nicht mehr nachvollziehbar sind.

Für all diese Aspekte und Einflussfaktoren ist die klassische Forschung blind: Sie gestaltet Methoden, als ob Befragte ihre Emotionen völlig ausblenden würden. Außerdem überschätzen viele Forscher den Willen und die Fähigkeit dieser Personen, »rationalistische« Fragen in einem künstlichen Kontext so zu beantworten, dass korrekte Vorhersagen auf Basis ihrer Antworten möglich sind.

Fluch und Segen der Marktforschung ist, dass man immer Antworten bekommt – leider auch auf unsinnige, völlig aus dem Zusammenhang des Entscheidungsprozesses gerissene oder gar faktisch nicht beantwortbare Fragen. Ein bekanntes Beispiel dafür ist der Metallic Metals Act. Dabei handelt es sich vorgeblich um ein amerikanisches Gesetz, das jedoch gar nicht existiert. In der Befragung dazu, die Sam Gill 1947 durchführte, hatten dennoch 70 Prozent der Befragten eine klare Meinung zu einzelnen Aspekten des Gesetzes, zu dem sie faktisch gar kein Wissen haben konnten, weil es nicht existiert.

In der Forschung werden oft Fragen gestellt, die von den Kunden gar nicht beantwortet werden können. Das Problem ist nun, dass der Befragte dem Forscher in aller Regel nicht mitteilt, dass er die Frage nicht beantworten kann oder will. Die allermeisten Befragten beantworten die Fragen selbst dann, wenn sie ihnen nicht sinnvoll erscheinen. Die meisten Menschen haben schon einmal an einer telefonischen Befragung teilgenommen oder online einen Fragebogen ausgefüllt und hatten bei vielen Fragen das Gefühl: »Na ja, keine der Antwortoptionen hier ergibt irgendeinen Sinn für mich, aber ich klicke jetzt halt mal etwas an, damit es hier weitergeht; die werden sich schon etwas dabei gedacht haben, wenn sie so etwas fragen ... « Der Befragte gibt also irgendeine Antwort. Die Fragestellungen rufen so Antworten hervor, die oft irreführend sind. Doch auch diese Antworten kann man nehmen und Mittelwerte berechnen, Korrelationsanalysen erstellen, Signifikanzniveaus und Validität berechnen und damit Berichte schreiben und Strategie, Kommunikation und Produktentwicklung danach ausrichten.

Was sind nun die praktischen Implikationen dieses Sachverhalts? Schauen wir uns dazu ein konkretes Fallbeispiel an: In einer Studie wurden unterschiedliche Preisstrukturen von Girokonten mit dem Ziel getestet, die gesamte Preisstruktur zu optimieren und die optimale Höhe der einzelnen Preiselemente (zum Beispiel monatliche Grundgebühr, Zinskonditionen et cetera) zu finden. Die Ausnahmesituation in diesem Projekt war, dass neben der klassischen Conjoint-Analyse parallel auch ein experimentelles Design verwendet wurde. In der Conjoint-Analyse wurden Optionen direkt verglichen und ausgewählt. Im experimentellen Design wurde dagegen monadisch gewählt, das heißt der Befragte bekam nur eine Option vorgestellt und sollte angeben, ob er dieses Angebot seinem aktuellen Girokonto vorziehen würde oder nicht. Über ein experimentelles Design wurden dabei die Produkteigenschaften (Attribute) dieser vorgestellten Option über die Befragten hinweg variiert. Beiden Studienteilen lagen dieselben Attribute und Attributausprägungen zugrunde und alle Befragten durchliefen beide Teile des Interviews.

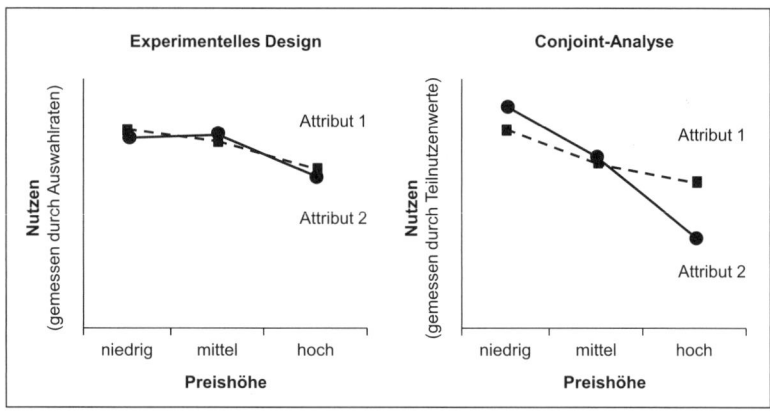

Abbildung 1.1: Ergebnisvergleich zwischen einem experimentellen Design und einer Conjoint-Analyse

Demzufolge ergaben sich zwei Bewertungen des Nutzens und der Bedeutung der Attribute in Abhängigkeit von der Methode. Abbildung 1.1 zeigt beispielhaft das Ergebnis für zwei Attribute mit jeweils drei Ausprägungen: Man sieht, dass in der experimentellen Studie beiden Attributen mehr oder weniger die gleiche Bedeutung beigemessen wurde (gekennzeichnet durch den nahezu identischen Kurvenverlauf im Diagramm links). Die Conjoint-Analyse hingegen lieferte ganz andere Ergebnisse: Attribut 2 war hier von viel höherer Bedeutung als Attribut 1 (gekennzeichnet durch die stärkere Steigung der zugehörigen Kurve im Diagramm rechts).

Es wurden die gleichen Produktoptionen und Attributausprägungen getestet. Dennoch scheinen die getesteten Attribute unterschiedliche Nutzen und folglich, abhängig von der angewendeten Interviewmethode, unterschiedliche Bedeutungen zu haben. Die reine Diskrepanz dieser Ergebnisse, die inhaltlich zu völlig anderen Empfehlungen führen würde, kennzeichnet die kontextuelle Fragmentierung. Der Kontext und dessen Einfluss auf Forschungsergebnisse wird immer wieder stark unterschätzt und oft vernachlässigt – sei es bei der Formulierung eines einfachen Fragebogens oder der Entwicklung so ausgeklügelter Verfahren wie der Conjoint-Analyse. Durch die Conjoint-Analyse wird der Befragungskontext so weitreichend fragmentiert, dass er mit dem eigentlichen Entscheidungskontext, über den eine Aussage getroffen werden soll, nichts mehr zu tun hat, was die Prognosegüte der Ergebnisse stark beeinträchtigt. Wirft man einen genaueren Blick auf den Interviewkontext, erhellt sich dieses Ergebnis: Im experimentellen Teil mussten die Befragten sich nacheinander verschiedene einzelne Preismodelle anschauen und entscheiden, ob sie diese akzeptieren würden oder nicht. Im Conjoint-Teil der Studie mussten sie zwischen drei Preismodellen und der »Keins-davon«-Option auswählen.

Wie können nun die Unterschiede im Interviewkontext diese divergierenden Ergebnisse erklären? Hierfür muss man zwei Faktoren betrachten, die bei der Preisoptimierung immer beachtet werden müssen: das individuelle Interesse am Preis, wenn über ein bestimmtes Produkt entschieden wird, und das individuelle Preiswissen. Im Zielsegment gut situierter Verbraucher war das Preiswissen schlecht und das Preisinteresse gering. Das heißt, dass die Leute sich nicht sonderlich für das Kriterium interessierten und ihnen die Preislage auf dem Markt nicht so richtig bewusst war.

In der experimentellen Studie gab es nur eine Option, während im Conjoint-Design drei Preismodelle wählbar waren. Bei nur einer Wahlmöglichkeit hatten die Befragten keinen Referenzpreis zur Hand und mussten sich demnach auf Basis ihres schlechten Preiswissens entscheiden. Im Conjoint-Teil hingegen standen ihnen durch die zusätzlichen Optionen zwei explizite Referenzpreise zur Verfügung. Diese Information verzerrte ihr Wahlverhalten gegenüber dem Experiment. Hier hatte das individuelle Ausmaß des Preiswissens und Preisinteresses einen realistischeren Einfluss auf die Entscheidung.

In Bezug auf das Beispiel kann man festhalten, dass die Conjoint-Analyse zu sehr auf Preisbewertung fokussiert, während sie andere wichtige Aspekte im Entscheidungsprozess ignoriert. Außerdem veranschaulicht dies, dass der Interviewkontext im Allgemeinen einen entscheidenden Einfluss auf die Daten und letztlich die daraus abgeleiteten Empfehlungen hat. Menschen sind keine Computer, die unabhängig von der Erhebungssituation immer gültige Antworten auf ungewöhnliche, komplexe oder sogar hypothetische Fragen geben können. Obwohl es bereits systematische Forschung zur eindeutigen und psychologisch angemessenen Formulierung von Fragen gegeben hat, wurden viele andere Kontexteffekte überwiegend ignoriert oder von jedem Forschungsansatz immer wieder anders behandelt.

Fehler 4: Statistische Fragmentierung durch die Analyse

Nachdem die Erhebung der Daten abgeschlossen ist, müssen diese meist statistisch analysiert und eventuell in einem quantitativen Modell zusammengefasst werden, welches das Kundenverhalten vorhersagen und simulieren kann. Jeder weiß, dass man keiner Statistik glauben sollte, die man nicht selbst gefälscht hat. Aber wie in anderen Bereichen auch, werden die schwerwiegendsten Fehler bei statistischen Analysen nicht von den vorsätzlichen Fälschern begangen, sondern von denen, die völlig überzeugt sind, das Richtige zu tun. *Statistische Fragmentierung* entsteht, wenn die Analysemethoden die Erkenntnisse systematisch verzerren.

Die breite Akzeptanz vieler statistischer Methoden verhindert oftmals jede kritische Prüfung ihrer zugrunde liegenden Annahmen. Einfache Vorhersagbarkeit wird oft für Korrektheit gehalten, oder es wird vorschnell angenommen, dass ein bestimmter statistischer Parameter eine bestimmte inhaltliche Aussagekraft hat. Dies ist beispielsweise häufig bei Korrelationskoeffizienten der Fall, die in Treiberanalysen gern als Indikator für »Sensitivität«, »Wichtigkeit« oder »Bedeutung« verstanden werden, obwohl sie inhaltlich eigentlich die »Enge eines Zusammenhangs« beschreiben, das heißt die Güte der Vorhersagbarkeit eines Wertes auf Basis der Kenntnis eines anderen. Das ist unter bestimmten Bedingungen etwas Ähnliches wie Wichtigkeit, aber meist eben nicht. Dennoch ist die Nutzung der Korrelation als Wichtigkeitsmaßstab fast schon als Standard zu bezeichnen.

Auch Conjoint-Analysen bauen auf bestimmten Annahmen auf, die Menschen letztlich als rationale Entscheider definieren. Dabei ist vielen Anwendern gar nicht bewusst, wie stark diese Methode auf dem Homo oeconomicus basiert und auch nicht, welche weitreichenden Konsequenzen die Annahmen haben, die die Conjoint-Analyse über das rationale Entscheidungsmodell hinaus trifft. Als Beispiel sei hier nur die *Kompensatorik der Produktattribute* genannt. Diese Annahme unterstellt, dass eine weniger attraktive Ausprägung eines Attributs immer durch eine attraktive Ausprägung in einem oder mehreren anderen Attributen ausgeglichen werden kann – was im realen Leben schlichtweg oft nicht der Fall ist: Wenn jemand beispielsweise ein Auto kaufen will, kann es sein, dass diese Person eine Mindestmotorleistung für sich definiert, die nicht unterschritten werden soll: »Weniger als 50 PS kämen für mich nie infrage.« Conjoint verrechnet aber seine Antworten immer so, als ob diese Person auch 40 PS akzeptieren würde, wenn nur die Ausstattung – also andere Produktattribute – entsprechend attraktiv ist. Das ist keine inhaltlich begründete Annahme, sondern eben einfach die Art und Weise, wie die Antwortdaten verrechnet und zu Nutzenkurven verdichtet werden. Und als solches ist es eine gravierende statistische Fragmentierung des realen Entscheidungsverhaltens, denn Menschen treffen eben sehr häufig nicht-kompensatorische Entscheidungen. Diese nicht abbilden zu können, ist ein Mangel, der häufig ausgeblendet wird. Und umgekehrt: Wenn die analytischen Werkzeuge flexibler, weniger linear und weniger additiv wären, würden sie den in Wirklichkeit weniger rationalen Entscheidungsprozess der Verbraucher genauer abbilden können.

Fehler 5: Axiomatische Fragmentierung durch implizite Interpretationsannahmen

Jede Wahrnehmung wird von Menschen immer gleichzeitig auch interpretiert: Es gibt keine Kognition ohne Interpretation. Diese wird geleitet durch implizite und explizite Annahmen, Erwartungen, geteilte Überzeugungen, Hoffnungen oder den aktuellen Kontext. Diese Vorannahmen beeinflussen, welchen Aspekten man Aufmerksamkeit schenkt und wie sie betrachtet werden. Sie wirken wie eine Brille, durch die man auf die Daten blickt, welche durch sie entweder verständlich, überraschend oder gar unverständlich wirken. Jede Interpretation ist demzufolge lediglich eine Möglichkeit unter vielen. Und wie Karl Popper gezeigt hat, kann sie niemals »richtig« sein, aber oft falsch. Da dies für jeden Menschen gilt, muss es auch auf Forscher zutreffen.

Axiomatische Fragmentierung beschreibt die unangemessene Verzerrung der Interpretation durch (implizite) Vorannahmen oder Hypothesen. Fehlinterpretationen von empirischen Daten können also darauf zurückgeführt werden, dass sie vom Auftraggeber sozusagen »top down«, das heißt ausschließlich aus Sicht einer bestimmten Interpretationstheorie und eines bestimmten Kundenmodells, verstanden werden. Dabei beeinflussen oft bewusst oder unbewusst empirisch unbestätigte (oder in einem völlig anderen Kontext bestätigte) Annahmen oder Konstrukte des Kundenverhaltens die Interpretation. Die Rohdaten werden durch diese Annahmen also sozusagen »schöngefärbt« und Wissen durch Überzeugung ersetzt.

Dieser Effekt und der potenzielle Einfluss einer solch voreingenommenen Interpretation empirischer Daten sind in Abbildung 1.2 vereinfacht dargestellt. Das Element in der Mitte entspricht den gesammelten Rohdaten. Die außen liegenden Elemente symbolisieren die impliziten Interpretationsannahmen, also den Kontext, aus dem heraus die Daten interpretiert werden: Abhängig vom Interpretationskontext, der zur Wahrnehmung des Zeichens in der Mitte angelegt wird, kann man die Rohdaten entweder als den Buchstaben »B« oder die Zahl »13« interpretieren. Das Gleiche passiert in größerem Maßstab bei der Interpretation komplexer Ergebnisse – auch hier liegt die Interpretation ebenso stark in den Daten wie im Auge des Betrachters. Dabei kann es sich bei Letzterem auch um proprietäre Modelle handeln, die von einzelnen Anbietern vertreten werden und deren Durchsetzung demnach auch mit wirtschaftlichen Interessen einhergeht. Da genauer hinzusehen, kann sicher nicht schaden.

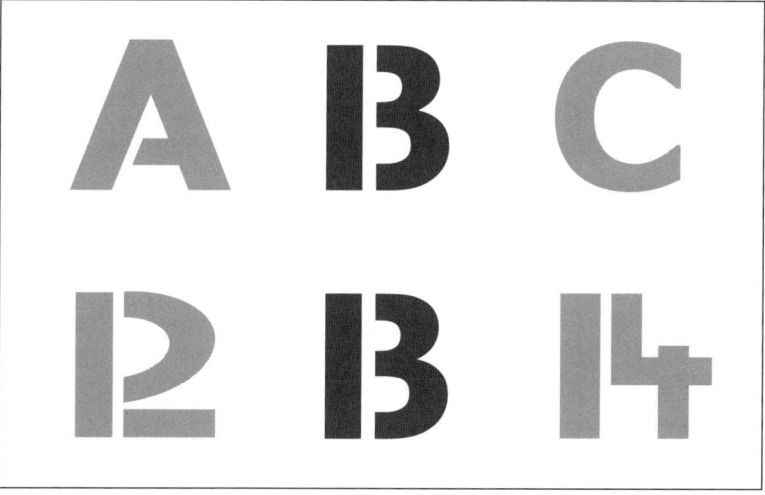

Abbildung 1.2: Wie die Interpretationstheorie die Bedeutung von Rohdaten beeinflusst

Das *Modell des hybriden Verbrauchers* illustriert gut, was wir damit meinen: Die Erkenntnis, dass ein Verbraucher, der normalerweise teure Designerkleidung kauft, bei Frühstücksflocken zum Schnäppchenjäger wird, hat viele überrascht. Forscher »erklären« daraufhin dieses Phänomen durch die Erfindung des (erstaunlich schnell wachsenden) Segments der hybriden Verbraucher. Dieser Begriff scheint die offenkundige Inkonsistenz zu beseitigen, obwohl er eigentlich nur aussagt, dass dieses Segment für die klassische Denkweise nicht nachvollziehbar einkauft. Doch das Problem sind hier nicht die inkonsistenten Kaufentscheidungen, sondern die simplifizierten Modelle, die zur Erklärung des Verhaltens verwendet werden: Die Erfindung des hybriden Verbrauchers und die Diskussionen, die dadurch ausgelöst werden, lehren uns kaum etwas über den eigentlichen Kunden, aber viel über die implizit vorherrschenden Entscheidungsmodelle in der Forschung. Aus deren Perspektive ist es offenbar ziemlich überraschend, wenn Kunden sich so verhalten. Man muss dafür eigens eine eigene (Rest-)Kategorie erfinden, die besagt, dass diese Kundengruppe ziemlich »unverständlich« agiert. Mit anderen Worten: Man neigt implizit dazu, die Preisbereitschaft einer Person in einem Produktsegment automatisch auf alle anderen zu verallgemeinern – was davon abweicht, wirkt überraschend. Man basiert Vorhersagen also gern auf Analogieschlüssen statt auf dem Verständnis der individuellen Antriebe.

Um die Forschung davor zu bewahren, von einem Kundenverhalten überrascht zu werden, das wir im Alltag als völlig normal erachten würden, müssen solche interpretationsleitenden Annahmen kritisch hinterfragt werden. Man wird dabei immer wieder feststellen, dass einige »Erkenntnisse« schlicht aus einer verzerrten oder allzu einfachen Perspektive resultieren, aus der heraus die Daten interpretiert werden. Diese Tatsache wurde bisher sträflich vernachlässigt, denn die klassische Forschung ist eine weitgehend atheoretische Disziplin: Es gab keine expliziten oder gar validierten Modelle, aus denen Hypothesen, Methoden und Interpretation abgeleitet wurden. Das Einzige, was es bisher gab und zudem selten kritisch diskutiert wurde, ist das rationale Entscheidungsmodell mit dem Homo oeconomicus als Protagonist.

In Kapitel 2 werden wir die Fülle der Behavioral-Economics-Erkenntnisse strukturieren, die dieses rationalistische Modell ad absurdum führen. In Kapitel 3 werden wir dem Homo oeconomicus dann real existierende Kundentypen gegenüberstellen, aus deren Perspektive hybrides

Kaufverhalten leicht verständlich und sogar vorhersagbar wird. Welchen praktischen Mehrwert angemessenere Kundentypen haben, zeigen wir in Kapitel 4 im ersten Fallbeispiel, bei dem durch die gezielte Berücksichtigung dieser Kundentypen die Conversion-Rate um 70 Prozent gesteigert werden konnte – und zwar mithilfe einer Maßnahme, die aus Sicht des Homo oeconomicus völlig paradox erscheint.

2. Behavioral Economics im Unternehmen

Behavioral Economics oder die *Verhaltensökonomik,* wie sie im Deutschen bezeichnet wird, ist ein Grenzgebiet zwischen Wirtschaftswissenschaften und Psychologie. Sie beschäftigt sich seit den 60er-Jahren mit menschlichem Verhalten in wirtschaftlich relevanten Entscheidungssituationen, zum Beispiel Kaufentscheidungen. Dabei werden Konstellationen untersucht, in denen Menschen im Widerspruch zu den normativen Modellannahmen des Homo oeconomicus und insofern »suboptimal«, »irrational« oder »unvernünftig« agieren.

Erkenntnisse und Modelle im Rahmen der Behavioral Economics wurden beinahe ausschließlich auf Basis von Experimenten gewonnen, bei denen das Entscheidungsverhalten von Menschen in verschiedenen Situationen untersucht wurde. Der prototypische Forschungsansatz war dabei, dass zwei unterschiedliche Gruppen von Versuchspersonen vor Entscheidungssituationen gestellt wurden, die objektiv gleich waren, aber aufgrund unterschiedlicher Gestaltung oder Formulierung der Entscheidungssituation subjektiv unterschiedlich wahrgenommen wurden, was im Ergebnis zu gegenläufigem Entscheidungsverhalten der beiden Gruppen führte. Untersucht wurde dabei, welche Aspekte der Entscheidungssituation zu solchen Widersprüchen (sogenannten *Preference Reversals*) führen und mit welchen psychologischen Entscheidungsmodellen dies plausibel erklärt werden kann. Besonderes Augenmerk lag dabei auf dem Test bestimmter Annahmen der rationalen Entscheidungstheorie. Man wollte über diese Experimente extrahieren, wo und aus welchen Gründen reale Menschen systematisch von den normativen Regeln rationalen Entscheidens abweichen.

Dabei geht es nicht darum zu beweisen, dass das rationale Entscheidungsmodell falsch ist. In seiner inhärenten Logik ist es formal zwingend richtig, aber eben nur als normatives Modell. Behavioral Economics dagegen wollte diesem normativen Modell (wie Menschen entscheiden sollten) ein deskriptives Entscheidungsmodell (wie Menschen tatsächlich entscheiden) gegenüberstellen. Die normativen Annahmen des Homo oeconomicus wurden in der traditionellen Volkswirtschaftslehre (Economics) als Basis für die meisten volkswirtschaftlichen Theorien verwendet. Sie erscheinen logisch und vor allem lassen sie sich sehr einfach in mathematischen Modellen abbilden. Einer empirischen Prüfung wurden diese Annahmen jedoch zunächst nicht unterzogen.

In gewisser Hinsicht hat man aus Vereinfachungsgründen über die mögliche Diskrepanz zwischen normativem und deskriptivem Modell hinweggesehen – nicht zuletzt, weil normative Theorien weniger komplex sind, mit wenig Annahmen auskommen und damit auch leichter zu modellieren sind. Die Behavioral Economics interessiert sich nun dafür, inwieweit diese Annahmen empirisch zutreffend sind und welche Konsequenzen sich daraus für die Anwendbarkeit volkswirtschaftlicher Theorien und für das Funktionieren von Märkten ergeben.

Die bekanntesten Experimente der Behavioral Economics gehen auf die Psychologen Amos Tversky und Daniel Kahneman zurück (vgl. Kahneman, Slovic, Tversky 1982). Kahneman wurde für seine Arbeiten im Bereich der Behavioral Economics 2002 mit dem Nobelpreis für Wirtschaftswissenschaften ausgezeichnet. Amos Tversky verstarb leider recht früh, war aber als Wegbereiter für diesen Erfolg mindestens ebenso ausschlaggebend. Kahneman erhielt den Nobelpreis für Wirtschaftswissenschaften ungeachtet der Tatsache, dass er Professor der Psychologie war und laut eigener Aussage in seinem ganzen Leben noch keine einzige Vorlesung zu Wirtschaftswissenschaften gehört oder gar gehalten hat.

In über fünfzig Jahren intensiver Forschungsarbeit konnten Kahneman, Tversky und eine Vielzahl weiterer Forscher aus Psychologie und Wirtschaftswissenschaften unzählige Entscheidungsanomalien identifizieren, die beschreiben, unter welchen Bedingungen Menschen vorhersagbare Entscheidungsfehler machen. Es geht bei Behavioral Economics also nicht um unsystematische Entscheidungsfehler oder zufällige Abweichungen vom rationalen Entscheidungsmodell, sondern darum zu identifizieren, unter welchen Bedingungen Menschen immer wieder und damit vorhersagbar Fehler bei ihren Entscheidungen machen.

Dabei ist der Begriff »Fehler« immer aus dem Blickwinkel formal rationaler Maßstäbe zu interpretieren, denn viele dieser Effekte führen trotz ihrer logischen Unvollkommenheit häufig zu verhältnismäßig guten Entscheidungen bei gleichzeitig sehr geringem Aufwand. Evolutionär betrachtet ist diese Form menschlichen Entscheidungsverhaltens also gar nicht so verkehrt, denn in der Masse der täglich zu treffenden Entscheidungen führt sie mit minimalem Denkaufwand zu recht zufriedenstellenden und nur in manchen Situationen zu eindeutig falschen Entscheidungen (vgl. Gigerenzer und Todd 1999).

Behavioral Economics zeigt uns also in vielfältiger Weise, dass wir bei Weitem nicht so rational entscheiden, wie wir das gerne von uns selbst glauben. Das ist nicht leicht zu akzeptieren, denn es rüttelt an unserem Selbstverständnis. Die erste Reaktion vieler Menschen auf die Ergebnisse der Behavioral Economics ist: »Ja, so machen das andere, aber ich nicht. Ich entscheide tatsächlich rational, während die anderen vielleicht nur glauben, dass sie es tun.« Doch die erdrückende Anzahl an Experimenten zeigt: Wir entscheiden alle so und selten rational im Sinne des klassischen Homo oeconomicus. Dabei sollte es nicht überraschen, dass die meisten von uns dennoch ziemlich gut zurechtkommen, denn Behavioral Economics versucht natürlich, die Fehleranfälligkeit menschlicher Entscheidungen deutlich hervorzuheben. Es werden gezielt Situationen extrahiert und auf die Spitze getrieben, wie dies im Alltag nur selten der Fall ist, wenngleich die Finanzkrisen der letzten Zeit oftmals auf solche Entscheidungsfehler zurückgeführt werden können.

Die einzelnen Effekte wurden nicht kontextfrei untersucht, ein wichtiges Augenmerk der Forschungsarbeit lag auf der Praxisrelevanz. So wurden die Implikationen der Erkenntnisse vor allem im Kontext von

Finanzentscheidungen, Risikoeinschätzungen, Gruppendynamik, Fragen des Arbeitsmarkts oder im Kontext von Diagnoseentscheidungen im medizinischen Umfeld diskutiert. Auch die typische Konsum- beziehungsweise Kaufentscheidung wurde dabei vielfach thematisiert. Wichtig für die Fragestellung ist, dass der Kontext der Kaufentscheidung aus Unternehmenssicht bisher nie systematisch analysiert, sondern immer umgekehrt vorgegangen wurde: Man fand einen Effekt und untersuchte dessen Implikation für das Unternehmen.

So erscheint das Gesamtbild, das Behavioral Economics auch nach Jahrzehnten ergibt, aus Unternehmenssicht unsystematisch und lückenhaft. Die Frage, wie man die vielen Erkenntnisse systematisch übertragen kann, ist bisher unbeantwortet geblieben. Genau dieser Frage widmet sich deshalb dieses Buch in grundsätzlicher Form. Daher interessiert uns vor allem die mikroökonomische Sicht auf individuelle (Kauf-)Entscheidungen und weniger die makroökonomische Sicht auf Märkte insgesamt.

Behavioral Economics ist ein so umfassendes und weitreichendes Forschungsgebiet, dass man damit problemlos zahlreiche Bände füllen könnte, was natürlich auch vielfach schon geschehen ist. Es würde den Umfang dieses Buchs sprengen, hier einen kompletten Überblick über das gesamte Forschungsgebiet zu geben. Aber es gibt doch einige Kernaussagen, die sich aus der Vielzahl von Studien herauskristallisieren und die für anwendungsorientierte Entscheider in Unternehmen von elementarer Wichtigkeit sind.

Behavioral Economics hat in einer erdrückenden Fülle von einzelnen Experimenten zweifelsfrei aufgezeigt, dass wir nicht wie ein Homo oeconomicus entscheiden: weder sind wir in unseren Entscheidungen sonderlich rational (obwohl wir dies häufig versuchen) noch haben wir alle Informationen noch entscheiden wir emotionslos. Menschen können vielmehr vergesslich, impulsiv, verwirrt, emotional, gleichgültig oder kurzsichtig handeln. Wir sind ganz normale Menschen, keine Vulkanier wie Mr. Spock. Im besten Fall verhalten wir uns wie Captain Kirk, der sich – anders als Mr. Spock – immer auch von weniger rationalen Aspekten leiten ließ und zu Spocks Verwunderung im Großen und Ganzen trotzdem ausreichend vernünftige Entscheidungen traf, um sein Raumschiff weitgehend unfallfrei durch die Galaxis zu steuern.

Mit anderen Worten: Es kann vorkommen, dass ein Mensch sich für eine Alternative entscheidet, die er in einer anderen Situation ablehnen würde, obwohl es formal die gleiche Entscheidung ist. Die empirische Forschung zeigt, dass dies im realen Leben ständig und in so großem Umfang passiert, dass Unternehmen es nicht ignorieren können, wenn sie erfolgreich sein wollen. Mehr noch: dass sie ungeahnte Potenziale erschließen können, wenn sie sich von unangemessenen Modellen und Methoden trennen. Denn wie wir im vorangehenden Kapitel gesehen haben, sind nicht nur die Unternehmen, sondern auch die anwendungsbezogene Forschung implizit vom Virus des Homo oeconomicus infiziert. Beide tendieren dazu, die Potenziale zu übersehen, die sich im besseren Verständnis des realen Entscheidungsverhaltens verbergen, wie es im Rahmen von Behavioral Economics untersucht wird.

2.1 Wichtige Erkenntnisse der Behavioral Economics

Behavioral Economics besteht aus einer großen Anzahl von Einzelexperimenten und vielfach voneinander unabhängigen »Mini-Theorien«. Es wäre vermessen zu versuchen, hier auf wenigen Seiten einen Überblick über alle bisher gefundenen Effekte zu geben. Daher werden wir uns auf die wichtigsten Erkenntnisse für Unternehmensführung und das strategische Marketing beschränken.

Historisch betrachtet wurde Behavioral Economics oft als Forschungsrichtung der *Heuristics and Biases* bezeichnet. Als Biases werden die motivational oder kognitiv begründeten Wahrnehmungs- und Bewertungsverzerrungen bezeichnet, während Heuristiken ein Sammelbegriff für die Daumenregeln sind, die Menschen bei Entscheidungen gerne anwenden, um effizient, wenn auch nicht immer optimal zu einem Ergebnis zu kommen. Denn Menschen treffen Entscheidungen eben häufig auf Grundlage einer einfachen, schnellen und stabilen Daumenregel und nicht aufgrund einer detaillierten Nutzenabwägung aller Möglichkeiten. Diese Heuristiken sind letztlich der Kompromiss zwischen der Unfähigkeit, rational zu entscheiden, der Unlust auf Entscheidungen überhaupt und dem dennoch vorhandenen unbändigen Wunsch, richtig zu entscheiden, um nicht über den Tisch gezogen zu werden.

Derzeit fehlt der Behavioral Economics noch ein übergreifendes Entscheidungsmodell zur Erklärung und Prognose von Entscheidungen. Dennoch gibt es eine Reihe von Effekten und theoretischen Konzepten, die immer wieder genannt werden. Dazu gehören beispielsweise die Sunk Cost Fallacy, die Verlustaversion, der Endowment Effect, Anticipation of Regret, Overconfidence, Fairness, Reziprozität, Dissonanzreduktion, Framing, Anchoring, Relativität, Mental Accounting, das Auswahlparadox (Paradox of Choice) oder Effekte der Informationsaggregation. Diese Begriffe sind konzeptionell nicht gleichwertig und beschreiben ganz unterschiedliche Sachverhalte: Während Framing den externen Rahmen bezeichnet, in dem eine Situation dargestellt wird, ist Fairness ein Motiv. Die Sunk Cost Fallacy umschreibt eine Verhaltenstendenz (nämlich neue Investitionen mit alten zu begründen), deren Ursache in der Verlustaversion gesehen werden kann, und Mental Accounting bezeichnet eine Abfolge von mentalen Prozessen, mit denen Entscheidungen begründet werden. Framing beschreibt also eine Situation, Verlustaversion das zugrunde liegende Motiv und Mental Accounting eine Menge an bewussten und unbewussten mentalen Operationen.

Geht man nach der Benennung der einzelnen Effekte, lässt sich kaum eine sinnvolle Struktur in die Vielzahl der Erkenntnisse bringen, deren begriffliche Konfusion durch die gewachsene Struktur des Forschungsgebiets entstanden ist. Um den einzelnen Effekten dennoch eine sinnvolle Struktur zu hinterlegen, möchten wir sie zunächst in drei Kategorien einordnen, und zwar auf Basis ihres grundsätzlichen Wirkmechanismus. Wir ordnen die Effekte also nach der eigentlichen Ursache für den daraus entstehenden Entscheidungsfehler. Die Unterteilung erfolgt je nachdem, ob die Ursache eher *motivational, kognitiv* oder *verhaltensbezogen* ist. Gliederungsgrundlage ist damit die eigentlich psychologische Ursache des wie auch immer benannten Effekts. Auch wenn diese Klassifizierungslogik im Einzelfall diskussionsfähig ist, hat sie dennoch den immensen Vorteil, dass sie eine systematische Übertragung und Nutzung im Unternehmen möglich macht (siehe Kapitel 3.2).

Im Folgenden werden wir anhand klassischer Fallbeispiele oder Experimente einzelne Effekte vorstellen. In vielen der folgenden Beispiele geht es dabei um den Preis eines Produkts. Das liegt zum einen daran, dass sich Behavioral Economics traditionell stark mit Finanzmarktentscheidungen und damit notwendigerweise mit Preisen beschäftigt. Zum anderen eignen sich Preisbeispiele hervorragend, um Irrationalitäten aufzuzeigen, weil sie anhand des Preises leicht offensichtlich gemacht werden können. Wie wir im weiteren Verlauf des Buchs sehen werden, lassen sich diese Entscheidungseffekte keineswegs nur in Verbindung mit monetären Aspekten finden. Vielmehr finden sich die gleichen Wirkmechanismen auch im Kontext anderer Produktattribute. Sowohl der Umgang mit dem Preis als auch mit der Leistungsseite eines Produkts oder einer Dienstleistung ist geprägt von vorhersagbaren Entscheidungsfehlern.

Motivationale Effekte

In die motivationale Kategorie ordnen wir Effekte, wenn deren Entstehung auf eine bestimmte Emotion oder motivationale Grundhaltung zurückzuführen ist, die sich – rational betrachtet – verzerrend auf Bewertungs- und Entscheidungsprozesse auswirkt. Dazu gehören beispielsweise die Sunk Cost Fallacy, die Verlustaversion, der Endowment Effect, Fairness, Anticipation of Regret, Overconfidence, Reziprozität und Dissonanzreduktion. Die drei Erstgenannten möchten wir exemplarisch vertiefend darstellen, weil deren praktische Relevanz für Unternehmen am offensichtlichsten ist.

Sunk Cost Fallacy

»Sunk Costs« sind Kosten, die in der Vergangenheit angefallen sind und die nicht ungeschehen gemacht werden können. Rational betrachtet dürften sie in akut anstehenden Entscheidungen keine Rolle spielen. Behavioral Economics zeigt uns aber, dass Menschen Sunk Costs bei Entscheidungen sehr wohl miteinbeziehen. Das klassische Beispiel für die Sunk Cost Fallacy ist der Vorabkauf einer Theaterkarte. Stellen Sie sich vor, Sie haben bereits einige Wochen vor der Aufführung eine Theaterkarte für 100 Euro gekauft und mussten zudem lange dafür anstehen. An dem betreffenden Abend ist es jedoch kalt und regnerisch und Sie fühlen sich nicht gut. Eigentlich möchten Sie mit einer Tasse Tee und einer Decke auf dem Sofa sitzen und Ihre Ruhe haben. Wenn Sie »frei« wählen könnten, würden Sie diese Abendgestaltung klar bevorzugen. Die Tatsache, dass Sie die Karte bereits gekauft haben, sollte für Ihre Entscheidung, ob Sie zu Hause bleiben oder ins Theater gehen, keine Rolle spielen, da es sich um Sunk Costs handelt, also um Ausgaben, die Sie nicht mehr ändern können. Die meisten Menschen entscheiden sich jedoch entgegen ihren eigentlichen Bedürfnissen dafür, dennoch ins Theater zu gehen, weil sie sonst das Gefühl haben, die 100 Euro für die Karte zum Fenster hinausgeworfen zu haben – und das wollen sie natürlich nicht (siehe auch Arkes & Blumer 1985).

Verlustaversion

Verlustaversion bezeichnet die Tendenz, Verluste höher zu gewichten als Gewinne. Beispielsweise ärgert man sich über den Verlust von 100 Euro mehr als man sich über den Gewinn von 100 Euro freut. Die Entdeckung dieses Phänomens geht auf Kahneman und Tversky (1979) zurück und ist eine Kernannahme der Prospect Theory, für die Daniel Kahneman den Nobelpreis erhalten hat. Demnach kann es einen völlig unterschiedlichen Effekt auf das Kaufverhalten haben, ob man einem Kunden einen Preisnachlass von 5 Euro gibt (Gewinn) oder ob er sich einen Preisaufschlag von 5 Euro spart (vermiedener Verlust).

Endowment Effect

Der Endowment Effect beschreibt die empirisch belegte Tatsache, dass für Menschen ein Gegenstand nur allein deshalb mehr wert ist, weil sie ihn besitzen. Sehr bekannt ist hierzu das Tassen-Experiment von Kahneman, Knetsch und Thaler (1990). Sie bildeten zufällig zwei Gruppen. Die erste Gruppe (die Verkäufer) erhielten Tassen und wurden gefragt, welchen Preis zwischen 0,25 Dollar und 9,25 Dollar sie fordern würden, um die Tasse zu verkaufen. Die Teilnehmer der zweiten Gruppe wurden gefragt, welchen Preis sie zahlen würden, um die Tasse zu erhalten. Der Preis der »Verkaufsgruppe« lag im Mittel bei 7,12 Dollar, während der Preis der »Kaufgruppe« gerade einmal bei 2,87 Dollar lag.

In einem vergleichbaren Experiment ging es um ein Ticket für ein hochrangiges Basketballspiel zwischen verschiedenen Universitätsmannschaften. Da die Basketballhallen typischerweise relativ klein sind, gibt es regelmäßig eine große Zahl von Unglücklichen, die trotz langem Anstehen kein Ticket erhalten. Die Mitarbeiter von Ariely (Ariely 2008) verhielten sich dann wie Ticket-Schwarzhändler und fragten Ticketbesitzer, für wie viel Geld sie ihr Ticket verkaufen würden – durchschnittlich wurden 2.400 Dollar genannt. Studenten ohne Ticket waren im Durchschnitt bereit, 170 Dollar für ein Ticket zu bezahlen. Die Ticketbesitzer rechtfertigten die hohen Preise oft mit der Bedeutung des Spiels (zum Beispiel dass sie sich damit ein wichtiges Erlebnis gönnten, von welchem sie auch ihren Kindern und Enkelkindern erzählen könnten). Die angefragten Personen ohne Ticket setzten die Geldbeträge eher in Relation zu anderen Geldbeträgen, wie zum Beispiel die Ausgaben beim Ausgehen.

Die Experimente zeigen, dass ein Produkt einen höheren Wert bekommt, wenn man es besitzt – auch wenn es dafür keinen logischen Grund gibt.

Kognitive Effekte

Der kognitiven Kategorie werden Effekte zugeschrieben, die auf Fehl-wahrnehmungen und Bewertungstendenzen zurückzuführen sind. Hierzu gehören beispielsweise Anchoring, Relativität und Framing. Die drei Begriffe sind eng miteinander verwandt – wie so vieles in der Behavioral Economics – und bauen in ihrer Wirkung beim Zustandekommen mancher Effekte aufeinander auf. Dennoch bezeichnen sie streng genommen unterschiedliche Aspekte, weshalb wir sie separat darstellen.

Anchoring

Ein Homo oeconomicus hat für jedes Produkt eine klar definierte maximale Zahlungsbereitschaft. Dieser *individuelle Maximalpreis* ist gleichsam der atomare Bestandteil jeder Preis-Absatz-Funktion. Die Realität zeigt jedoch, dass die Zahlungsbereitschaft durch völlig unsinnige Preisanker, die keinerlei Zusammenhang mit der zu treffenden Entscheidung haben, beeinflusst werden können.

In einem Experiment von Ariely (2008) bekamen Studenten eine Liste mit Produkten, die zum Kauf angeboten wurden. Unter anderem standen dort eine Flasche Wein, eine Tafel Schokolade und eine ganze Reihe weiterer Produkte. Die Studenten wurden dann gebeten, die letzten beiden Stellen ihrer Sozialversicherungsnummer zu nehmen und als Preis für die Produkte auf die Liste zu schreiben. Wenn die Sozialversicherungsnummer also auf die Ziffern 79 endete, trug der Student 79 Dollar als Preis ein. Dann sollten die Studenten auf dem Blatt mit Ja/Nein ankreuzen, ob sie tatsächlich bereit wären, diesen Preis für die jeweiligen Produkte zu bezahlen. Schließlich wurden die Studenten gebeten aufzuschreiben, wie viel sie tatsächlich bereit wären, für die Produkte auszugeben.

Die Auswertung ergab, dass die Studenten mit den höheren Endziffern der Sozialversicherungsnummer auch die höchsten Gebote für den Wein abgegeben hatten. Eine völlig irrelevante Zahl hatte also das Ergebnis der Entscheidung fundamental beeinflusst. Einen ähnlichen Effekt auf die

Zahlungsbereitschaft konnten wir auch in eigenen Experimenten nachweisen (Bauer 2000), in denen die Bestellnummern einzelner Produkte als Anker die wahrgenommene Preisgünstigkeit beeinflussten. Zahlreiche Experimente haben in ähnlicher Weise gezeigt, dass Menschen bei der Bewertung bestimmter Aspekte von situativ verfügbaren Referenzankern beeinflusst werden – egal wie sinnvoll oder unsinnig diese Anker in Bezug auf die zu treffende Bewertung oder Entscheidung sind. Bei der Bewertung eines Preises können beispielsweise der Preis eines Wettbewerbsprodukts, die unverbindliche Preisempfehlung des Herstellers oder der frühere Verkaufspreis ein solcher, in diesem Fall eher sinnvoller Anker sein. Aber es können auch völlig irrelevante Werte, wie die letzten beiden Ziffern der Sozialversicherungsnummer oder die Bestellnummer, die Bewertung von Preisen oder anderen quantitativen Produkteigenschaften beeinflussen – insbesondere wenn auf Kundenseite kein ausgeprägtes Produkt- und Marktwissen vorliegt.

Relativität

Ein klassisches Experiment zu der Frage, wie genau ein Anker die Bewertung beeinflusst, hat Thaler (1980) durchgeführt. Er konnte zeigen, dass nicht der absolute Abstand, sondern der relative Abstand zu einem Referenzwert entscheidend ist: Stellen Sie sich vor, Sie wollen ein Radio kaufen und gehen in einen Laden, in dem das Radio 25 Dollar kostet. Als Sie es gerade kaufen wollen, kommt ein vertrauenswürdiger Freund vorbei und erzählt Ihnen, dass es genau dieses Radio in einem anderen Laden, zehn Minuten entfernt, für 20 Dollar gibt. Die meisten Leute entscheiden sich daraufhin, in das andere Geschäft zu fahren, um das Radio 5 Dollar billiger zu kaufen. Wenn ihnen das Gleiche jedoch bei einem Fernseher für 500 Dollar passiert, sind schon viel weniger Leute bereit, zehn Minuten zu fahren, um das Gerät für 495 Dollar zu kaufen. Und spätestens beim Kauf eines Autos für 5.000 Dollar ist ein billigerer Wagen für 4.995 Dollar für kaum jemanden ein Grund, den Händler zu wechseln.

Während Sie sich im Falle des Radios 25 Prozent des Kaufpreises sparen, würden Sie im Falle des Fernsehers nur 1 Prozent des Kaufpreises sparen und im Falle des Autos sogar nur 0,1 Prozent. Diese Größenordnungen beeinflussen offensichtlich reale Entscheider. Ein klassischer Homo oeconomicus würde dagegen gemäß seiner individuellen Nutzenfunktion die zehn Minuten Autofahrt für 5 Dollar Ersparnis entweder investieren oder nicht. Seine Entscheidung wäre aber nicht davon abhängig, ob es sich um ein Radio oder ein Auto handelt.

Framing

Framing bezeichnet den Effekt, dass Menschen unterschiedliche Entscheidungen treffen, je nachdem auf welche Art ein Problem dargestellt wird. Tversky und Kahneman (1981) zeigten die Effekte sehr eindrucksvoll mit dem Asian-Desease-Experiment. Den Teilnehmern wurde gesagt, dass sich die USA auf den Ausbruch einer ungewöhnlichen asiatischen Krankheit vorbereiten, durch die 600 Menschenleben gefährdet sind. Es gibt zwei unterschiedliche Programme, die zur Bekämpfung der Krankheit zur Verfügung stehen.

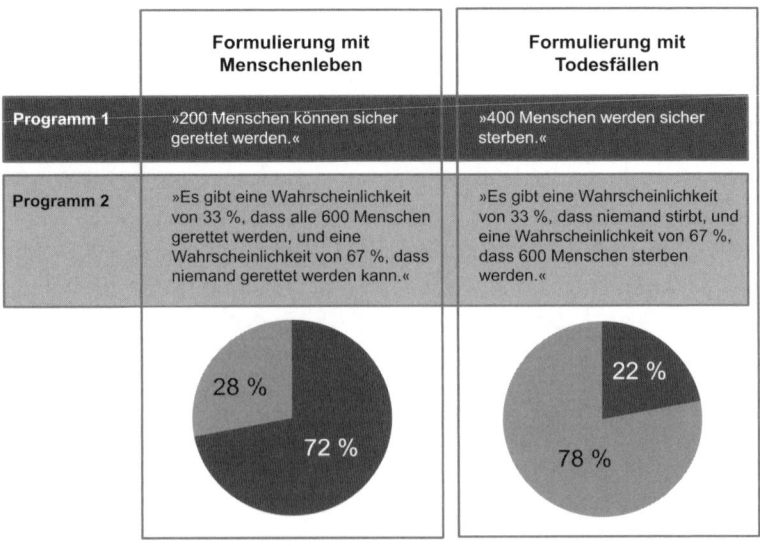

Abbildung 2.1: Veränderung des Entscheidungsverhaltens durch Framing

Die erste Gruppe von Teilnehmern bekam die beiden Programme mit Formulierungen vorgestellt, bei denen die Rettung von Menschenleben im Vordergrund stand. Vor die Entscheidung gestellt, entschieden sich 72 Prozent der Teilnehmer für Programm 1. Einer zweiten Gruppe von Teilnehmern wurden die gleichen beiden Programme vorgestellt, allerdings mit Formulierungen, bei denen die Todesfälle im Vordergrund standen. Nur durch die Änderungen der Formulierung bei identischem Inhalt trafen 50 Prozent der Personen eine andere Entscheidung und wurden risikofreudiger.

Der hier beschriebene Effekt ist ein klassischer Framing-Effekt. Framing bezeichnet den grundsätzlichen Einfluss der gesamten Entscheidungssituation beziehungsweise deren Darstellung auf das Entscheidungsverhalten. Bei vielen Effekten, die mit Framing erklärt werden, wirken verschiedene Aspekte der Entscheidungssituation zusammen. Das verdeutlicht, was schon eingangs erwähnt wurde: Behavioral Economics operiert nicht immer mit trennscharfen Begriffen, dennoch beschreibt sie für sich genommen einzelne Effekte sehr gut. Dieser Punkt wird uns bei der Frage, wie man die Erkenntnisse systematisch auf Anwendungen im Unternehmen übertragen kann, noch intensiver beschäftigen (siehe Kapitel 3.2).

Verhaltensbezogene Effekte

Der verhaltensbezogenen Kategorie werden komplexere Verhaltensweisen zugeordnet, die zu systematisch suboptimalen Entscheidungen führen. Mit »Verhalten« ist dabei nicht immer nur physisches, sondern oft psychisches Verhalten gemeint, also mehrstufige mentale Operationen, bei denen Kognitionen, Emotionen und Motivationen in systematischer Weise die Entscheidungsfindung beeinflussen. Hierzu gehören beispielsweise das Mental Accounting und die Effekte der Informationsaggregation. Anders als die rein kognitiven Effekte, die eher statische Wahrnehmungs- und Bewertungsartefakte sind, handelt es sich hier um die Beschreibung von Prozessen, die in vorhersagbarer Weise zu suboptimalen Entscheidungen führen.

Mentale Kontenbildung (Mental Accounting)

Eines der klassischen Experimente der Behavioral Economics illustriert das Modell des Mental Accounting (Thaler, 1980). Kahneman und Tversky (1984) beschreiben ein Experiment, in dem Personen ins Theater gehen möchten und die Karte 10 Dollar kostet. Übertragen auf die heutigen Preise müsste man hier wohl eher von 50 oder 100 Dollar ausgehen, um einen vergleichbaren Effekt zu haben, aber 1984 handelte es sich um einen üblichen Preis für eine Theaterkarte. Im Experiment wird eine Hälfte der Probanden nun gebeten, sich vorzustellen, sie stünden an der Theaterkasse und hätten die bereits am Vortag erworbene Karte verloren und müssten diese neu kaufen. Nur 44 Prozent der Testpersonen waren unter diesen Bedingungen dazu bereit. Der anderen Gruppe wird ein leicht anderes Szenario geschildert, das zwar logisch, aber nicht »psycho-logisch« auf die gleiche Situation hinausläuft: Der zweiten Hälfte der Befragten wird gesagt, sie hätten 10 Dollar Bargeld verloren, mit dem sie eigentlich die Theaterkarte an der Abendkasse kaufen wollten. Unter dieser Bedingung entschieden sich 88 Prozent und damit doppelt so viele Personen wie im ersten Fall zum Kauf der Karte.

Die Erklärung für diesen erstaunlichen Effekt gründet auf der mentalen Verbuchung der beiden Verluste: Im ersten Fall (Verlust des Tickets) werden die 10 Dollar dem Konto »Kauf Theaterkarte« zugeschrieben. Noch einmal eine neue Karte zu kaufen würde dieses inhaltlich gebundene Konto mit insgesamt 20 Dollar belasten und damit mehr, als vielen Probanden der Theaterbesuch wert ist. Im zweiten Fall (Verlust des Bargelds) werden die 10 Dollar dem unspezifischen Konto »Bargeld« zugeschrieben. Der mentale Preis der Eintrittskarte bleibt somit bei 10 Dollar.

Menschen strukturieren die Vielfalt der verschiedenen Ausgaben durch die Bildung mentaler Konten, auf denen Kosten und Nutzen verbucht werden. So kann beurteilt werden, ob sich ein Kauf gelohnt hat oder nicht. Menschen können es deshalb auch nicht ertragen, für etwas (vermeintlich) zu bezahlen, das sie nicht nutzen, weil dann auf diesem Konto den Kosten kein Nutzen entgegensteht und das Konto unausgeglichen bleibt. Mental Accounting erklärt auch, warum Menschen ihr Wechselgeld in Sparschweinen für den Urlaub sammeln, während sie gleichzeitig Zinsen für die Autofinanzierung bezahlen. Mentale Konten machen das Ausgabeverhalten übersichtlicher, führen aber mitunter zu suboptimalem Ausgabeverhalten. Mit dem unverzinst im Sparschwein schlummernden Urlaubsgeld sollte – rational betrachtet – eigentlich der Autokredit schneller getilgt werden.

Wenn ein Unternehmen es also schaffen kann, das zu verkaufende Produkt mental auf ein Konto zu buchen, auf dem beim Kunden noch Budget vorhanden ist oder dessen Ausgabekriterium laxer ist, steigt die Kaufwahrscheinlichkeit erheblich an. Manche Ausgaben sind beispielsweise psychologisch »schwieriger« als andere. Der Kauf eines Luxusprodukts zum eigenen Vergnügen ist in diesem Sinne beispielsweise subjektiv schwerer zu rechtfertigen als Investitionen in die Zukunft der Familie. Diesen Effekt nutzt – bewusst oder unbewusst – die Schweizer Uhrenmarke Patek Philippe: Sie wirbt seit 1996 mit dem Slogan »Beginnen Sie Ihre eigene Tradition«. Auf den Fotos ist ein Vater mit seinem kleinen Sohn abgebildet und im Text wird erklärt, dass man eine Uhr von Patek Philippe eigentlich nie besitzen kann, sondern sie nur für die nächste Generation bewahrt. Auch sehr wohlhabende Menschen haben auf dem mentalen Konto für Uhren eher Beträge bis zu einigen Tausend Euro, in aller Regel jedoch nicht die für eine Uhr von Patek Philippe erforderlichen fünf- bis sechsstelligen Summen. Wie sieht es jedoch auf dem Konto für »Kinder« oder »Familientradition« aus? Unter diesen Rubriken lassen sich womöglich leichter größere Ausgaben rechtfertigen als auf dem Konto »privater Luxus«. Das »Kinder«-Konto verträgt eher höhere Ausgaben und schließlich kann man auch nicht erwarten, eine »eigene Familientradition« zum Schnäppchenpreis zu bekommen.

Das Modell des Mental Accounting versinnbildlicht sehr anschaulich, wie solch komplexe Prozesse im Rahmen einer Entscheidung ablaufen. Dabei wird auch deutlich, wie einzelne kognitive Effekte, wie zum Beispiel die Sunk Cost Fallacy oder die Verlustaversion, in diesem Prozess zusammenwirken.

Auswahlparadox (Paradox of Choice)

Ebenfalls in die Kategorie der verhaltensbezogenen Effekte fällt das Auswahlparadox, das auf verschiedenen komplexen mentalen Operationen beruht. Nach den Annahmen des Homo oeconomicus müsste es für Menschen gut sein, bei einer Entscheidung möglichst viele Auswahlmöglichkeiten zu haben. Dann kann der Kunde das für ihn passende Produkt auswählen und so seine Bedürfnisse optimal befriedigen. In Befragungen gibt auch immer wieder die Mehrzahl der Befragten an, dass sie mehr Optionen besser findet als weniger. Untersucht man jedoch das tatsächliche Entscheidungsverhalten von Personen, ergibt sich ein differenziertes Bild, denn offensichtlich sind Auswahlzufriedenheit und Entscheidungsfreude nicht gleichläufig.

Ein einfaches Beispiel zeigt diesen Zusammenhang (Iyengar/Lepper 2000). In einem kalifornischen Delikatessengeschäft wurden Probiertische aufgebaut und mit Toastscheiben mit Marmelade bestückt. Kunden konnten die mit verschiedenen Marmeladensorten bestrichenen Toastscheiben probieren und bei Gefallen die entsprechende Marmeladensorte kaufen. Die beiden Feldforscher entwickelten eine Art von A/B-Testkonstruktion. Bei der A-Variante wurden lediglich 6 Marmeladensorten präsentiert, bei der B-Version ganze 24 Sorten, und bei beiden Testszenarien wurde einen definierten Zeitraum lang darauf gewartet, was passiert. Das Ergebnis: Die kleinere Auswahl lockte lediglich 40 Prozent aller Besucher an den Stand, die große Auswahl dagegen 60 Prozent. Im ersten Moment scheint sich also zu bestätigen, dass Menschen eine große Auswahl besser finden. Das Überraschende war jedoch, dass bei der großen Auswahl lediglich 2 Prozent aller Besucher zu Käufern wurden, während bei der kleinen Marmeladenauswahl 12 Prozent zum Glas griffen. Bei der großen Auswahl sind die Kunden überfordert und bevor sie eine falsche Entscheidung treffen, treffen sie lieber gar keine. Sie kaufen keine Marmelade. Wird jedoch weniger Auswahl angeboten, fällt den Kunden die Entscheidung leichter und sechsmal so viele Kunden kaufen.

Schwartz (2005) nannte diesen Zusammenhang das *Paradox of Choice* und unterscheidet zwischen Personen, die wie der Homo oeconomicus ihren Nutzen maximieren wollen, und Personen, die lediglich eine für sie befriedigende Lösung suchen, wohl wissend, dass es vielleicht noch eine bessere Option gäbe. Für Unternehmen bedeutet das, dass sie versuchen müssen, dem Kunden die Entscheidung so leicht wie möglich zu machen. Und im Zweifel müssen sie dem Kunden dafür weniger statt mehr Optionen zur Auswahl anbieten.

Informationsintegration

Im Rahmen eigener Grundlagenforschung haben wir uns intensiv mit den Prozessen befasst, die der Aggregation komplexer Informationen und deren Verdichtung zu einer Entscheidung dient (Theorie der relativen Einzelurteile; Bauer 2000). Dabei trat Erstaunliches zutage, das ein neues Licht auf die Optimierung komplexer Produktangebote wirft: Wenn Kunden Angebote bewerten, die sich aus unterschiedlichen Aspekten zusammensetzen, zum Beispiel Ausstattungselemente eines Pkw, dann integrieren sie die Informationen dazu nicht optimal, sondern folgen einem vereinfachenden Prozess, der meist ausreichend gute Ergebnisse liefert, aber eben systematisch davon abweicht, wie ein Homo oeconomicus vorgehen sollte.

Wir haben zwei unterschiedlichen Gruppen von Versuchspersonen jeweils ein Angebot für einen Pkw vorgelegt mit der Bitte, die Attraktivität des Angebots zu bewerten. Beide Angebote bezogen sich auf identisch ausgestattete Fahrzeuge mit identischem Gesamtpreis, jedoch wurde die Zuordnung der Einzelpreise zu den einzelnen Ausstattungselementen systematisch variiert, sodass einzelne Ausstattungselemente eher günstig oder teuer wirkten (siehe Abbildung 2.2).

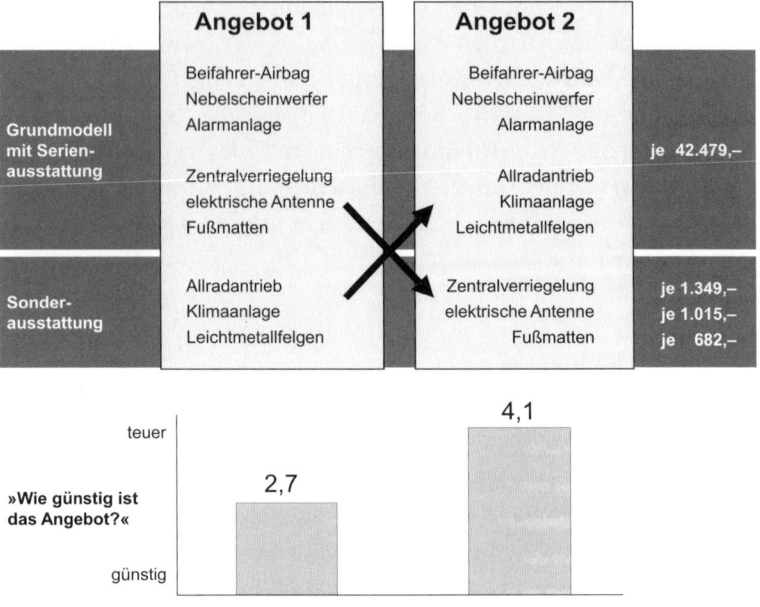

Abbildung 2.2: Auswirkung der Angebotspräsentation auf die Beurteilung der Preisgünstigkeit

Bei Angebot 1 kosteten also die Leichtmetallfelgen 682 Euro, während bei Angebot 2 die Fußmatten mit 682 Euro berechnet wurden. In Summe kosteten die identisch ausgestatteten Fahrzeuge jedoch genau dasselbe. Aber diese unterschiedliche Zuordnung von Preis und Leistung hatte eine drastische Veränderung der Angebotsattraktivität zur Folge: Das Angebot 1 wurde als wesentlich günstiger beurteilt als Angebot 2.

Wie lässt sich das erklären? Um zu Bewertungen und Entscheidungen zu kommen, versuchen Menschen, komplexe Angebote in handhabbare Stückchen zu zerlegen und diese zu beurteilen. Danach setzen sie diese Einzelurteile wieder zu einer Gesamtbewertung oder Entscheidung zusammen: In diesem Fall wurde die Grundausstattung wie auch jedes Ausstattungselement separat in Bezug auf seine Preisgünstigkeit bewertet. Die Leichtmetallfelgen erschienen in Angebot 1 billig, die Fußmatten in Angebot 2 hingegen sehr teuer. Diese Einzelurteile wurden dann zu einem Gesamturteil aggregiert, wobei das Gewicht jedes Einzelurteils jedoch nicht dessen monetärer Bedeutung entsprach. Der Preis des günstigsten Ausstattungselements ging sogar mit einem etwas größeren Gewicht in das Gesamturteil ein als der viel höhere Preis des Grundmodells. Die Integration komplexer Informationen verläuft also systematisch anders als beim Homo oeconomicus.

In vergleichbaren Experimenten konnten wir auch nachweisen, dass mehr Produkt-Features nicht unbedingt besser sind, weil deren Aktivität nicht addiert, sondern eher ein Mittelwert daraus gebildet wird: So wurde beispielsweise eine Mobilfunk-Flatrate für 25 Euro als attraktiver beurteilt als dieselbe Flatrate inklusive 5 MB Datenvolumen (bei unabhängiger Bewertung). Der Grund hierfür lag darin, dass 5 MB Datenvolumen von vielen Kunden entweder nicht verstanden oder nicht gebraucht wurden. Beides führt zu einer geringen Attraktivität dieses Tarifmerkmals und im Endeffekt dazu, dass der gesamte Tarif schlechter bewertet wird.

Über die allgemeine Unlust, Entscheidungen zu treffen

Neben den vielen hypothetischen Verhaltensweisen des Homo oeconomicus, die auf Entscheider nicht zutreffen, soll hier eine weitere Erkenntnis der Behavioral Economics nicht unerwähnt bleiben, die beim Modell des Homo oeconomicus ebenfalls untergeht: Entscheidungen sind anstrengend und machen Menschen normalerweise keinen Spaß.

Natürlich ist das nicht bei jeder Kaufentscheidung so. Viele Entscheidungen dringen als solche gar nicht in das Bewusstsein des Kunden vor, weil sie unbewusst vom »Autopiloten« getroffen werden. Beispielsweise erfolgt der Griff nach der Butter im Supermarkt in der Regel ohne großen Entscheidungsprozess und ist insofern nicht besonders anstrengend. Auch die Entscheidung für ein neues Paar Schuhe, das Frau Huber wahnsinnig gut gefällt, ist nicht schwierig zu treffen. Sie will die Schuhe unbedingt haben und kauft sie spontan und impulsiv.

Sobald man aber umgangssprachlich von einer bewussten Entscheidung spricht, handelt es sich typischerweise um einen Vorgang, der den wenigsten Menschen Spaß macht. Im Gegenteil: Entscheidungen werden oft als Probleme gesehen, die man lösen muss und für deren Lösung man sich unter Umständen sogar rechtfertigen muss, sei es vor sich selbst oder anderen. Menschen wollen dabei keine Fehler machen und sind froh, wenn sie schnell genügend eindeutige Informationen finden, die subjektiv ausreichend erscheinen, um eine Option entweder auszuschließen oder sich für sie zu entscheiden. Menschen wollen nicht entscheiden, sondern sie bevorzugen es, »entschieden gemacht zu werden«, was wiederum geradezu eine Aufforderung an die Unternehmen ist, die jedoch nur selten verstanden wird. Zu viele Angebote sind zu »Feature«-orientiert formuliert, schrecken eher ab und machen unentschieden, statt bei der Lösung des »Entscheidungsproblems« zu helfen.

Entscheidungen werden in der Realität selten auf Basis des bewussten Abwägens ihrer Konsequenzen getroffen. Das wäre ein viel zu schwierig einzuschätzender, viel zu langfristig orientierter Prozess. Entscheidungen werden im Sinne einer Problemlösung häufiger mit akutem Fokus gelöst und folgen sinngemäß oft diesem inneren Dialog: »Kann es rückblickend als falsche Entscheidung gelten, wenn ich mich so entscheide?« Das ist ein grundsätzlich anderer Fokus als die Nutzenmaximierung, bei der die Attraktivität der Entscheidungskonsequenzen bewertet werden sollte. Da müsste man sich nämlich fragen: »Was bringt mir diese Entscheidung zukünftig?«

Entscheidungen gleichen eher Problemen, die aus dem Weg geräumt werden müssen. Marketingkommunikation, die dabei hilft, akute Probleme zu lösen, muss ganz anders aussehen als solche, die eine möglichst rosige Zukunft der Entscheidungskonsequenzen malt. Aus diesem Grund sind auch soziale Informationen (»was kaufen andere«) so kaufbeeinflussend, obwohl sie für die Einschätzung des zukünftigen Nutzens oft wenig aussagekräftig sind und es eher einer Entscheidungsvermeidung als einer bewussten, mündigen Entscheidung gleicht, wenn man seine eigene Entscheidung darauf gründet.

Menschen sind also in gewisser Weise auch Spielball der Optionen um sie herum. Vielleicht haben Sie das auch schon am eigenen Leib erfahren: Wenn man in die Stadt geht, kauft man auch ein. Man kauft Dinge, die nur interessant werden, weil sie einem zur Wahl gestellt werden. Wäre man zu Hause geblieben, hätte man den Wunsch, diese Dinge zu besitzen, weder entwickelt noch hätte man deren Nichtvorhandensein bedauert.

So betrachtet differenzieren die Erkenntnisse der Behavioral Economics die heute übliche Ablehnung des klassischen AIDA-Modells (Attention, Interest, Desire, Action), denn allzu oft lassen Angebote tatsächlich erst Bedürfnisse entstehen und fallen Kaufentscheidungen leichter, wenn Kunden gezielt »entschieden gemacht« werden. Vor diesem Hintergrund ist eigentlich auch der Begriff »Konsumgesellschaft« zu relativieren. Wirklich konsumiert wird nämlich immer seltener. Viel zutreffender – auch weil es die Erkenntnisse von Behavioral Economics stärker berücksichtigt – ist der Begriff »Kaufgesellschaft«, denn heute ist der Kauf zentraler als der Konsum und er folgt viel weniger den Gesetzen der rationalen Nutzenoptimierung als den Konsequenzen der Behavioral Economics.

Bewusstes Entscheiden an sich ist anstrengend. Auch wenn es den meisten von uns nicht bewusst ist, benötigt unser Gehirn tatsächlich physisch sehr viel Energie, um eine Entscheidung zu treffen. Wenn diese Energie zur Verfügung steht, fallen uns Entscheidungen leichter. Wenn gerade keine Energie zur Verfügung steht, tendieren wir dazu, lieber nicht zu entscheiden, sondern die Entscheidung zu vertagen oder anderweitig den Weg des geringsten Widerstands zu gehen. Besonders deutlich wird dies in einer Studie (Danziger, Levav, Avnaim-Pesso 2010), in der untersucht wurde, wie hoch die Wahrscheinlichkeit ist, dass ein Antrag auf vorzeitige Haftentlassung wegen guter Führung von einem Richter positiv beschieden wird. Die Studie förderte Erstaunliches zutage: Die Wahrscheinlichkeit auf eine vorzeitige Entlassung hatte statistisch gesehen weder mit Alter, Geschlecht, Art der Straftat, bisheriger Straflänge, guter Führung oder sonst irgendeinem Merkmal des Gefängnisinsassen oder der Straftat zu tun, sondern

hing primär davon ab, zu welcher Tageszeit der Richter über den Antrag entscheiden musste.

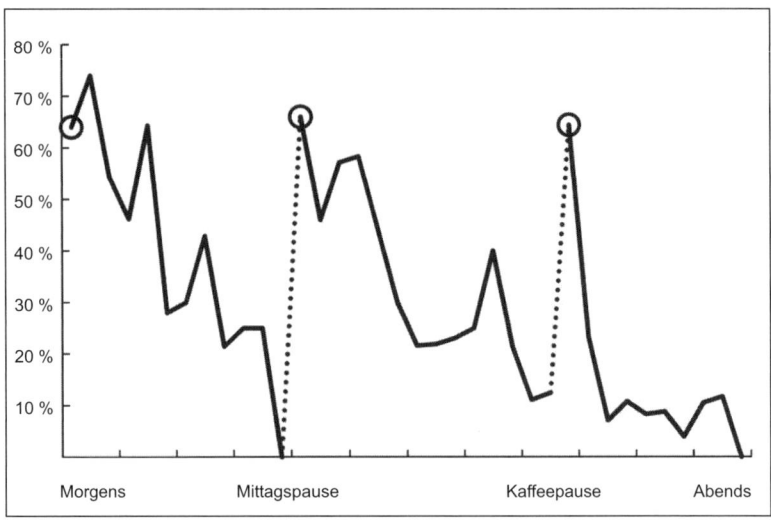

Abbildung 2.3: Wahrscheinlichkeit auf vorzeitige Haftentlassung

Wurde der Antrag morgens gleich nach dem Frühstück oder direkt
nach dem Mittagessen behandelt, nachdem der Richter gerade geges-
sen hatte und demzufolge seinem Gehirn viel Energie zur Verfügung
stand, dann lag die Chance auf eine vorzeitige Haftentlassung bei 65
Prozent. Wurde der Antrag jedoch am späten Vormittag, vor dem Mittagessen oder am späten Nachmittag behandelt, sanken die Chancen
auf eine vorzeitige Haftentlassung auf nahezu 0 Prozent.

Das Beispiel zeigt, dass das bewusste Treffen von Entscheidungen ein
energieintensiver Vorgang ist, der Menschen nicht leichtfällt und sie
oft vor große Herausforderungen stellt, die sie gerne umgehen würden.
Dies gilt insbesondere für wichtige (Kauf-)Entscheidungen, bei denen
viel auf dem Spiel steht, wie beispielsweise Autokauf, Hauskauf, Immobilienfinanzierung, Altersvorsorge et cetera. Wer also erfolgreich sein

will, sollte danach streben, dem Kunden die Entscheidung für das eigene Produkt so einfach wie möglich zu machen, statt ihm mit zu viel Information das Leben unnötig zu erschweren.

Das »Meta-Modell«: System 1 und System 2

Im Rückblick auf seine Jahrzehnte während Forschungsarbeit und die seiner Kollegen unterscheidet Kahneman (2011) zwischen zwei Systemen, in denen Menschen operieren können: System 1 und System 2. System 1 ist das Betriebssystem, das schnell, intuitiv, parallel und weitgehend unbewusst entscheidet. System 1 ist der »Autopilot« der vielen alltäglichen Entscheidungen, mit denen wir uns eigentlich gar nicht näher auseinandersetzen, ja die wir manchmal gar nicht als wirkliche Entscheidungen wahrnehmen.

System 2 ist dagegen das Betriebssystem der bewussten Entscheidung. Es ist langsam, anstrengend und folgt bewusst dem Ziel, möglichst vernünftig zu entscheiden – selbst wenn dies, wie wir gesehen haben, selbst unter größten Bemühungen meist nicht gelingt. Das kann aber auch einfach bedeuten, dass man sich in System 2 große Mühe gibt, nach Begründungen dafür zu suchen, nichts falsch gemacht zu haben. Spricht man also allgemein von Entscheidungen, sollte man sich bewusst machen, dass nur ein kleiner Anteil davon wirklich in System 2 getroffen wird. Häufig wird intuitiv von System 1 entschieden und diese Entscheidung nachträglich durch System 2 rationalisiert.

Der zwischen einigen Forschern entbrannte Streit, ob nun System 1 oder System 2 wichtiger ist, ist dabei ungefähr so sinnvoll wie die Diskussion, ob die Intelligenz eines Menschen auf seinen genetischen Anlagen oder seiner Erziehung und Ausbildung beruhen (Nature-versus-Nurture-Debatte). Hier wie dort ist der einzig sinnvolle Weg die Erkenntnis, dass nur eine Kombination beider Aspekte in Summe zu einer sinnvollen Erklärung führt. Die Frage nach der Wichtigkeit übersieht schon im Kern die Hauptaussage, nämlich dass es um die Interaktion beider Systeme geht, die verstanden werden muss.

Richtig ist jedoch, dass die klassische Forschung bisher zu stark auf das bewusste System 2 ausgerichtet ist und damit viel verpasst. Aber auch das unbewusste System 1 allein erklärt zu wenig. Die Forschung muss daher den gesamten Entscheidungsprozess abbilden, ohne zu sehr auf ein System zu fokussieren. Dabei werden sich sicher Themen herauskristallisieren, bei denen System 1 (zum Beispiel Werbung) oder System 2 (zum Beispiel Pricing) dominiert, oder es wird Branchenunterschiede geben, wonach im Konsumgüterbereich, geprägt durch routinierte oder spontane Entscheidungen, eher System 1 relevant ist, während bei Finanzdienstleistern vielleicht eher System 2 im Vordergrund steht.

Neben der Tatsache, dass Menschen unvernünftig entscheiden, zeigt Behavioral Economics vor allem, dass auch diese unvernünftigen Entscheidungen bestimmten Mustern und Regeln folgen. Die gute Nachricht für Unternehmen ist also: Entscheidungen von Kunden sind vorhersagbar und daher steuerbar, wenn wir die Psycho-Logik und Dynamik realer Kaufentscheidungen erst einmal verstanden haben. Am Markt sind diejenigen Unternehmen am erfolgreichsten, welche die Entscheidungsprozesse von Kunden am besten verstehen und sich mit ihren Produkten, Preisen, Vertriebskanälen und in der Kundenkommunikation am besten darauf einstellen können.

Für die Forschung ergeben sich daraus natürlich auch methodische Konsequenzen. Behavioral Economics hat uns gezeigt, dass Entscheidungsverhalten kontextspezifisch ist. Das bedeutet, dass Menschen keine stabilen Präferenzen haben und nicht systematisch nur ihren Nutzen maximieren. Das bedeutet aber auch, dass die Forschung sehr viel kontextspezifischer werden muss und nicht davon ausgehen kann, dass Antworten in einem Befragungskontext auch in realer Kaufumgebung noch gültig sind. Die Kernaufgabe der Forschung ist es, Entscheidungssituationen so gut wie möglich in kontrollierten Situationen zu simulieren. Gelingt das, sind die Ergebnisse brauchbar und valide; gelingt das nicht, sind die Ergebnisse oft irreführend und manchmal sogar schädlich. Dazu muss die unternehmenszentrierte Sichtweise der Kunden überwunden werden, hin zu einer Sicht des Unternehmens aus Kundenperspektive.

Gerade die Tatsache, dass Menschen nicht rational entscheiden, eröffnet zahlreiche strategische Spielräume jenseits von Preissenkungen und Leistungssteigerungen. Eigentlich ein Grund zum Jubel für Unternehmen. Und doch werden diese strategischen Spielräume bis heute kaum genutzt. Die ersten Forschungsergebnisse der Behavioral Economics lagen bereits in den 60er Jahren vor. Doch bis heute werden die Erkenntnisse in Unternehmen kaum gezielt eingesetzt.

Behavioral Economics ist kein Hype oder Nischentrend. Die Erkenntnisse werden jede strategische Entscheidung und jede anwendungsbezogene Forschung beeinflussen – nicht weil sie en vogue sind, sondern weil sie nachweislich bessere Ergebnisse erzielen und Margenpotenziale identifizieren können, die man nicht für möglich halten würde. Wer hier zu spät kommt, den bestraft der Wettbewerber.

2.2 Systematische Übertragung von Behavioral Economics auf Unternehmen

Nach den vielen Beispielen stellt sich jetzt die entscheidende Frage: Wie kann man all diese Erkenntnisse der Behavioral Economics in der Praxis systematisch nutzen? Lassen Sie uns zur Beantwortung dieser Kernfrage kurz etwas ausholen, um die Herausforderung, aber auch die Lösungsmöglichkeiten klarer darstellen zu können.

Die tieferen Ursachen für die im vorausgehenden Kapitel beschriebenen Probleme hinsichtlich des Entscheidungsprozesses der Kunden liegen darin, dass es bisher versäumt wurde, ein psychologisch fundiertes Modell für Kaufentscheidungen zu entwickeln, das die bereits hoch entwickelten formalen Methoden ergänzt. Dabei fehlt es eigentlich nicht an wissenschaftlich basierten Erkenntnissen zu diesem Thema. Doch selbst Verhaltensmodelle, die schon lange zum Standardrepertoire der Wirtschaftspsychologie gehören, sind bisher von der anwendungsorientierten Forschung noch nicht systematisch angenommen worden.

Wenn man sicherstellen will, dass das zugrunde gelegte psychologische Modell des Entscheidungsverhaltens der Kunden so valide und widerspruchsfrei wie möglich ist, muss bei der Modellentwicklung dieselbe Professionalität an den Tag gelegt werden, als wenn man die Repräsentativität einer Studie sicherstellt oder die Signifikanz der Ergebnisse garantiert. Sonst hat man einfach nur mit viel Aufwand und sehr genau etwas gemessen, obwohl man nicht wirklich verstanden hat, was es ist.

Zurück zur Kernfrage, wie man die Erkenntnisse der Behavioral Economics systematisch für Unternehmen nutzbar machen kann. Bei dem Versuch der Übertragung wird klar, dass Behavioral Economics leider einen großen Haken hat: Bis heute wurden hier viele Einzeleffekte dokumentiert, aber noch kein wirklich zusammenhängendes Modellgebäude errichtet – und schon gar keines, das spezifisch auf die anwendungsorientierte Perspektive von Unternehmen zugeschnitten ist. Die meisten Forscher in diesem Bereich entwickeln Untersuchungsdesigns, die möglichst plastisch immer wieder die Irrationalität der Entscheidung von Menschen in den Vordergrund stellen. Sie beweisen mit einer wachsenden Anzahl an Einzelbeispielen sehr eindrücklich, dass das Modell des Homo oeconomicus für menschliche Entscheidungsprozesse nicht sinnvoll ist. Diese Ergebnisse sind oft amüsant oder provokant, lassen sich gut veröffentlichen und werden gerne zitiert. So hat sich in den letzten Jahren eine schier unübersehbare Vielfalt einzelner Forschungsergebnisse entwickelt. Der jeweilige Forscher hat dann um seine jeweiligen Ergebnisse ein kleines theoretisches Modell gebaut, welches diese speziellen Testergebnisse erklärt.

Im Bereich der Unternehmensstrategie und des strategischen Marketings bringen uns jedoch all diese kleinen, interessanten Testergebnisse kaum etwas. Wenn nicht zufällig etwas untersucht wurde, was sich direkt auf unser eigenes Geschäftsmodell anwenden lässt, rufen sie zwar ein amüsiertes Schmunzeln hervor. Was Behavioral Economics jedoch für das eigene Unternehmen und die konkreten Entscheidungen in Produktentwicklung, Marketing, Vertrieb und Customer Care bedeutet, bleibt unklar.

Dafür gibt es natürlich auch einen guten Grund: Behavioral Economics befasst sich mit der gesamten Bandbreite menschlicher Entscheidungen. Die Studien beschäftigen sich mit der Frage, wer welchen Ehepartner wählt, warum sich Menschen ehrenamtlich betätigen oder wann und warum Menschen lügen, ebenso wie mit Kaufentscheidungen. Diese Bandbreite von Entscheidungen in ein einziges Modell zu pressen, ist ungeheuer schwierig und ist bisher noch nicht gelungen. In diesem Buch haben wir jedoch ein viel enger gestecktes Ziel: Wir wollen nicht die gesamte Bandbreite menschlicher Entscheidungen verstehen, sondern lediglich die Kaufentscheidung. Das vereinfacht die Sachlage erheblich.

Auf Basis dieser Ausgangslage gibt es grundsätzlich drei verschiedene Wege, die Erkenntnisse der Behavioral Economics auf Kaufentscheidungen zu übertragen: Erstens kann man versuchen, die gefundenen Effekte direkt auf die eigene Marktsituation zu übertragen. Zweitens kann man im Rahmen der abstrahierenden Übertragung versuchen, aus den bisher gefundenen Effekten übergeordnete Aussagen abzuleiten, die dann wiederum in konkrete Ansatzpunkte für den eigenen Marktangang übersetzt werden können. Und drittens kann man im Sinne einer extrahierenden Übertragung aus der Vielzahl der Erkenntnisse die Dimensionen extrahieren und zu einem Modell verdichten, die man in Bezug auf die eigene Situation verstehen muss, um zu entdecken, welchen Entscheidungsmechanismen, Heuristiken und Entscheidungsfehlern der Kunden im eigenen Markt wohl erliegt.

Direkte Übertragung: Der Glücksritter-Ansatz

Naheliegend und häufig zu beobachten ist der Versuch, eine empirisch gewonnene Erkenntnis direkt auf das eigene Produkt oder Angebot anzuwenden. Nehmen wir als Beispiel die Effekte der Preisstruktur beim Verkauf einer Zeitung. In einem Experiment von Ariely (2008) erhalten die Probanden ein Angebot für die Zeitschrift *Economist*. Die Zeitschrift wird im Abo für 59 Dollar als E-Paper angeboten. Die gedruckte Ausgabe kostet im Abo 125 Dollar. Außerdem gibt es noch ein Kombi-

Angebot für E-Paper und Print-Ausgabe zusammen ebenfalls für 125 Dollar. Bei dieser Preisstruktur entscheidet sich die große Mehrheit der Käufer (84 Prozent) für das Kombi-Angebot. Nur eine Minderheit von 16 Prozent entscheidet sich für das E-Paper, das reine Print-Abo wählt kein einziger Kunde.

Dieses Ergebnis entspricht den Annahmen des Homo oeconomicus, denn gemäß der Annahme des minimalen Mitteleinsatzes möchte dieser möglichst viel für sein Geld bekommen. Wenn er also beim Kauf eines Print-Abos das E-Paper ohne Aufpreis dazubekommt, dann bevorzugt er diese Option gegenüber dem reinen Print-Abo.

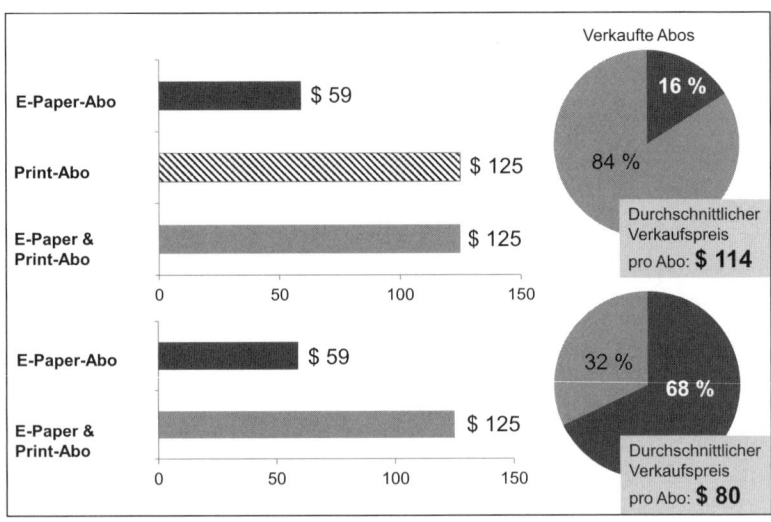

Abbildung 2.4: Verkaufspreise der Zeitschrift *Economist* **und Auswirkungen auf die getroffene Kaufentscheidung**

Problematisch gemäß dem Modell des Homo oeconomicus wird diese Entscheidungssituation aber nun, wenn das reine Print-Abo für 125 Dollar nicht mehr angeboten wird, weil es ja keiner haben wollte. Dies wäre eine aus Anbietersicht durchaus verständliche Reaktion, denn warum sollte man Produkte im Angebot haben, die keiner kauft? Normalerweise dürfte das Weglassen einer Option, die ohnehin niemand wollte, keinen Einfluss auf das Entscheidungsverhalten eines rationalen Nutzenmaximierers haben. Doch die empirischen Daten sprechen eine andere Sprache. Wenn der *Economist* plötzlich nur noch als E-Paper für 59 Dollar oder als Kombi-Abo für 125 Dollar angeboten wird, entscheiden sich die Kunden fundamental anders. Nun kauft nur noch eine Minderheit von 32 Prozent das Kombi-Abo, während sich die Mehrheit von 68 Prozent nun für das E-Paper entscheidet.

Dies ist mit den Annahmen eines Homo oeconomicus nicht erklärbar. Zudem sind die wirtschaftlichen Folgen für das Unternehmen fatal. Der durchschnittliche Preis pro verkaufter Ausgabe ist durch die veränderte Entscheidung der Kunden von 114 Dollar auf 80 Dollar pro verkauftem Abo gesunken. Bemerkenswert dabei ist, dass nicht die Höhe, sondern nur die Struktur der Preise variiert wurde – und dass allein dadurch solche Veränderungen im Ergebnis möglich sind. Sobald die gleiche Information in einem anderen Rahmen und mit anderen Bezugsgrößen angeboten wird, entscheiden die Menschen plötzlich anders.

Das Experiment zeigt, dass Menschen Preise in den seltensten Fällen absolut beurteilen. Ob der *Economist* 59 Dollar wert ist, ist schwer zu beurteilen. Einfach zu entscheiden ist hingegen, dass 125 Dollar für ein Print-Abo inklusive E-Paper auf jeden Fall besser sind als 125 Dollar für ein Print-Abo ohne E-Paper.

Wie überträgt man nun diesen sehr beeindruckenden Effekt auf das eigene Unternehmen? Wenn Sie eine Zeitung oder Zeitschrift im Online- und Print-Abo anbieten, können Sie die in Abbildung 2.4 beschriebene Preisstruktur in der einen oder anderen Form ausprobieren. Wenn Ihr Unternehmen allerdings Gabelstapler produziert, wird es mit der direkten Übertragung schon deutlich schwieriger.

Viele Ansätze enden auf diesem Niveau und lassen den geneigten Zuhörer fasziniert und mit dem vagen Gefühl zurück, dass sich dahinter ein spannender Zusammenhang verbirgt, den man für das eigene Produkt auch irgendwie nutzen sollte. Offen bleibt jedoch, wie das geht.

Und ganz unter uns: Meist weiß der Präsentierende das auch nicht, aber weil alle von dem Effekt so fasziniert sind, fragt keiner nach. Wir nennen das *Economist*-Beispiel deshalb auch gerne »Presenter's Darling«: Es wird immer gerne hervorgeholt, wenn man die Relevanz psychologischer Aspekte demonstrieren will. Wenn es aber dann darum geht, den Preis konkreter Produkte oder die Produkte selbst zu optimieren, greift man doch wieder zu traditionellen Forschungsansätzen, obwohl diese Methode von stabilen Präferenzen seitens der Kunden ausgeht, wie man sie dem Homo oeconomicus unterstellt, und das *Economist*-Beispiel vor allem eines beweist: dass diese Annahme falsch ist.

Die gefundenen Effekte sind also zweifellos alle sehr spannend und lassen sich wahrscheinlich auch irgendwie einsetzen, um Produkte besser an die Kunden zu bringen. Aber Hand aufs Herz: Passt irgendeiner dieser Effekte wirklich genau auf Ihr Produkt und Ihr Unternehmen? Können Sie irgendeine Erkenntnis direkt anwenden? Wahrscheinlich eher nicht. Die *direkte Übertragung* funktioniert, von einigen wenigen Ausnahmefällen abgesehen, in der Regel nicht, weil die Voraussetzungen zu speziell sind. Von den Tausenden Effekten, die von der Behavioral Economics bislang beschrieben wurden, passt vielleicht eine Handvoll auf Ihr spezielles Unternehmen und Ihr spezielles Produkt. Und genau diese passenden Effekte kennen Sie womöglich gar nicht. Die direkte Übertragung ist also kein geeigneter Ansatz, die Erkenntnisse systematisch anzuwenden, aber das eine oder andere Nugget mag dabei schon abfallen.

Abstrahierende Übertragung:
Die Psycho-Logik von Entscheidungen

Will man sich nicht nur im Glanze der Forschungsrichtung Behavioral Economics sonnen, sondern deren Erkenntnisse wirklich nutzbar machen, muss man über die relativ simple Form der direkten Übertragung hinausgehen. Zumindest muss man versuchen, aus der Vielzahl an Erkenntnissen zu einem Themenbereich übergreifende Thesen zum Entscheidungsverhalten zu generieren, die die Erkenntnisse der Behavioral Economics vom ursprünglichen Untersuchungsumfeld abstrahieren und für neue Anwendungsbereiche nutzbar machen.

Die *abstrahierende Übertragung* versucht aus der Vielzahl der Erkenntnisse allgemeine Thesen zum Entscheidungsverhalten zu extrahieren, indem von der ursprünglichen Untersuchungssituation abgesehen ein generelles Verhaltensmuster herausgearbeitet wird, das dann wiederum auf die konkrete Entscheidungssituation übertragen werden kann. Das so gewonnene Modell kann verwendet werden, um Hypothesen für einen konkreten Anwendungsfall zu generieren und potenzielle Strategien zu entwickeln, um das Kaufverhalten gezielt zu beeinflussen.

Aus der Vielzahl der Erkenntnisse kann man eine Reihe übergeordneter Thesen ableiten, wie wir sie teilweise auch schon im Rahmen der Vorstellung der einzelnen Effekte angerissen haben. Sie beschreiben zusammenfassend die Psycho-Logik suboptimalen Entscheidens und thematisieren sowohl Aspekte des individuellen Entscheidens (Punkt 1 bis 5), des Entscheidungskontexts (6) als auch den Einfluss sozialer Aspekte auf die Kaufentscheidung (7 und 8). Sie sind ein sehr guter Startpunkt, aber nicht als finite Liste, sondern als kontinuierlich zu ergänzendes Modell zu verstehen:

1. Sich nicht zu entscheiden ist die beste Wahl: Vielen Menschen ist eine Entscheidung, die keine ist, am liebsten. Wenn man die Wahl seines eigenen Produkts als Nicht-Entscheidung darstellen kann, tut man sich leichter. Wenn nicht, fokussieren Sie sich darauf, Ihre Kunden »entschieden zu machen«: Sie müssen sie nicht überzeugen, das ist gefährlich. Sie müssen ihnen Gründe liefern, die sie selbst beruhigen, nichts falsch zu machen. Daraus ergibt sich eine völlig andere Kommunikations- und Verkaufsstrategie als aus dem produktzentrierten Versuch, alle Kunden von den Vorteilen des eigenen Angebots zu überzeugen.

2. Verpasste Chancen reuen ewig: Menschen wollen bei ihren Entscheidungen keine Fehler machen. Die Angst davor, eine Entscheidung vielleicht zukünftig zu bedauern, ist ein wichtiger Faktor bei

der Entscheidungsfindung. Genauso ist die Aussicht darauf, dass bestimmte Optionen zukünftig knapp werden oder nicht mehr zur Verfügung stehen, ein großer Anreiz dafür, doch und zwar auf der Stelle zuzuschlagen – trotz der eben dargestellten Tendenz, Entscheidungen am liebsten zu vermeiden. Das Argument »Das ist das letzte Exemplar« wird intuitiv von vielen Verkaufsprofis eingesetzt und wirkt auch, wenn man um den Trick weiß.

3. Nicht weniger, aber auch nicht zu viel: Menschen wollen Stabilität. Verschlechterungen oder Risiko sind schlecht, Sicherheit und Kontinuität sind gut. Man darf Menschen nichts wegnehmen, nicht einmal, wenn sie selbst zugeben, es nicht zu brauchen. Umgekehrt – und das mag paradox klingen – darf man ihnen aber auch nichts geben, was sie nicht brauchen, nicht einmal geschenkt. Anbieter denken dagegen oft wie der Hamburger Fischverkäufer, der noch einen Aal drauflegt, um den Kunden zum Kauf zu bewegen. Zu viel ist psychologisch aber genauso schädlich wie weniger als bisher: Man sollte also keine Sachen im Paket anbieten, von denen ein Teil nicht gebraucht wird.

4. Lieber wenig Hervorragendes statt viel Mittelmäßiges: Menschen möchten lieber ein Produkt, das ein paar tolle Features hat, die genau auf sie passen, als ein Produkt, das zusätzlich noch andere Features hat, die der Kunde aber als durchschnittlich bewertet. Zu viele Features, die nicht begeistern, machen die Entscheidung komplex und langsam. Schnell begeistern ist besser als immer wieder noch einen Vorteil aufzulisten.

5. Lieber den Magen verrenkt als dem Wirt was geschenkt: Menschen wollen aus einem Kauf das Beste herausholen und die Sachen, die sie gekauft haben, auch wirklich nutzen. Der Maßstab ist nicht das Preis-Leistungs-Verhältnis, sondern das Preis-Nutzungs-Verhältnis. Solange etwas nicht kaputt oder »verbraucht« ist, fällt es vielen Menschen schwer, etwas Neues zu kaufen. Manchmal muss man also erst die alten Produkte aus dem Weg räumen, bevor Platz für neue Anschaffungen ist. Auf speziell diesen Aspekt, nämlich dass

das Preis-Nutzungs-Verhältnis entscheidender ist als das Preis-Leistungs-Verhältnis, und welche praktische Relevanz dies haben kann, kommen wir übrigens in Kapitel 4 noch einmal zurück.

6. Wie soll ich wissen, was ich will, ohne dass ich sehe, was es gibt? Viele Experimente der Behavioral Economics zeigen, dass Produktbewertungen im Allgemeinen und die Zahlungsbereitschaft im Besonderen relativ sind und von Ankern, relativen Vergleichen und Framing – kurz: von Eigenschaften des externen Entscheidungskontexts – abhängen. Der Kunde entscheidet also erst auf Basis eines konkreten Produkts, welche Features ihm wichtig sind und was er dafür zahlen will. Präferenzen entstehen also nicht rein aus individuellen Vorlieben, sondern auch als Reaktion auf den Entscheidungskontext. In letzter Konsequenz heißt das auch, dass man sich Zahlungsbereitschaft nicht als endliche Ressource, sondern eher als Muskel vorstellen muss, den man trainieren muss, wenn er wachsen soll. Anbieter haben hier demnach eine aktivere Rolle einzunehmen als sie oft erkennen, wenn sie davon ausgehen, dass sie lediglich auf die innere Preisbereitschaft ihrer Kunden reagieren können.

7. Wunsch nach fairem Geben und Nehmen: Menschen wollen niemanden über den Tisch ziehen, aber auch von niemandem über den Tisch gezogen werden. Sie wollen oft einfach einen fairen Gegenwert für ihr Geld erhalten. Reziprozität und Fairness sind zentrale Motive, die im rationalen Entscheidungsmodell allzu gern übersehen wurden. Sie können durchaus auch direkt thematisiert werden, denn was kann man schon gegen ein wirklich faires Angebot einwenden? »Mehr als fair« macht dagegen nur skeptisch.

8. Was andere machen, kann so falsch nicht sein: Ein großer Teil der klassischen Behavioral Economics beschäftigt sich mit individuellen Entscheidungen, die im stillen Kämmerlein getroffen werden. Das unterschätzt den Einfluss sozialer Aspekte, die deshalb in der neueren Literatur immer stärker betont werden: Menschen finden ihre Präferenzen oft nicht in sich selbst, sondern durch soziale Ver-

gleiche. Der Wunsch, sich anderen anzuschließen, sich mit anderen zu messen oder sich einen höheren Status zu erarbeiten – man denke nur an die vielen Bonusprogramme –, ist bei vielen Entscheidungen ein zentrales Ziel.

Durch die Ableitung von allgemeinen Thesen aus isolierten Einzelergebnissen kommen wir schon viel näher an ein allgemeines Modell der Kaufentscheidung. Die inhärente Psycho-Logik menschlicher Entscheidungen wird greifbar. Das ist der richtige Ansatz, um dem Homo oeconomicus ein alternatives Entscheidungsmodell entgegenzusetzen und so eine konzeptionelle Grundlage zu schaffen, auf der die Unternehmensstrategie und die anwendungsbezogene Forschung aufsetzen können.

Theorie und Empirie sind das Yin und Yang jeder empirischen Wissenschaft und damit auch der Entscheidungsforschung. Dennoch gab es in diesem Forschungsbereich bisher eigentlich keine theoretische Grundlage. Anders als in der Physik, in der bewusst zwischen theoretischer und experimenteller Physik unterschieden wird, wird diese Trennung in der klassischen Entscheidungsforschung nicht gemacht. Es gab keine theoretische Ebene jenseits der impliziten Annahmen rationalen Entscheidens und des Modells des Homo oeconomicus. Auf dieser Basis wird auch heute noch munter geplant, geforscht, gemessen und interpretiert. Durch die Fülle der Erkenntnisse von Behavioral Economics hat sich dies grundlegend geändert. Das unangemessene Entscheidungsmodell kann nun durch empirisch validierte Modelle ersetzt werden. So unbewusst die Akzeptanz des rationalen Entscheidungsmodells bisher war, so bewusst muss jetzt die Abkehr von diesem Annahmengebäude erfolgen. Die gesammelten Erkenntnisse der Behavioral Economics müssen zukünftig die konzeptionelle Grundlage für Unternehmensführung und Entscheidungsforschung bilden. Beide müssen theoriegeleitet vorgehen, Hypothesen testen und Verhaltensmodelle entwickeln, statt Kundenverhalten immer wieder von Neuem zu vermessen und nichtssagende Kennwerte zu tracken. Die abstrahierende Übertragung liefert im Ergebnis genau dies: ein allgemeines und angemesseneres Entscheidungsmodell als Grundlage besserer Entscheidungsforschung.

Im Hinblick auf die praktische Anwendung bleibt aber auch mit diesem Ansatz für die meisten Unternehmen das Problem, dass die Thesen faszinierend klingen, ihre Übertragung in einem konkreten Fall aber zum einen nicht immer einfach ist und zum anderen die Frage bleibt, ob die abgeleiteten Maßnahmen auch wirklich funktionieren. Der abstrahierende Ansatz liefert ein Modell zur Hypothesengenerierung. Er liefert somit das kreative Momentum, das herauszufinden hilft, welche innovativen Ansätze funktionieren könnten – aber eben noch kein Modell zum Hypothesentest. Deshalb müssen wir nach der Verdichtung der Erkenntnisse noch einen Schritt weitergehen, um das so entstandene theoretische Entscheidungsmodell durch ein empirisches Forschungsmodell zu ergänzen und abzurunden, denn wie wir eingangs gesehen haben ist das klassische Forschungsmodell genauso rationalistisch wie das klassische Entscheidungsmodell.

Extrahierende Übertragung: Das empirische Forschungsmodell

Will man Behavioral Economics auf konkrete unternehmerische Fragen systematisch anwenden, sollte man die isolierte Übertragung von Einzeleffekten hinter sich lassen. Doch auch der Versuch, eine allumfassende Theorie des Entscheidungsverhaltens zu erstellen und allein auf dieser Basis Strategien zu entwickeln, reicht nicht aus. Stattdessen ist es notwendig, zusätzlich aus der Vielzahl der Erkenntnisse die Dimensionen und Einflussfaktoren des Entscheidungsprozesses herauszufiltern, die wiederholt für die Entstehung suboptimaler Entscheidungen verantwortlich sind. Wie Behavioral Economics zeigt, sind das weit mehr Dimensionen, als man berücksichtigen müsste, ginge man vom Homo oeconomicus aus. Strukturiert man diese entscheidungstreibenden Dimensionen, entsteht daraus fast automatisch ein allgemeines Forschungsmodell. Dessen Entwicklung ist die umfassendste und systematischste Form der Übertragung der Erkenntnisse der Behavioral Economics. Denn anders als die Anwendung einzelner Effekte überträgt sie den Kern dessen, was uns Behavioral Economics lehrt: Sie bringt alle subjektiv entscheidungsrelevanten Dimensionen unter das Dach eines forschungsleitenden Modells. Dies ist das empirische Gegenstück zum theoretischen Entscheidungsmodell, das wir über die abstrahierende Übertragung gewonnen haben. Beide zusammen bilden die Grundlage einer systematischen Anwendung von Behavioral Economics.

Analysiert man alle Einflussfaktoren im Kontext des Entscheidungsprozesses, den die eigenen Kunden durchlaufen, erfasst man automatisch alle Effekte, die im Hinblick auf das eigene Angebot relevant sind. Ergänzt man diese Analyse durch gezielte Tests der Ideen, die sich in Bezug auf den eigenen Marketingmix aus dem theoretischen Entscheidungsmodell ableiten lassen, hat man alle Zutaten, um die Erkenntnisse von Behavioral Economics systematisch auf die eigenen Fragestellungen anzuwenden. Damit werden auch die Kritikpunkte an Marketing und Marktforschung gelöst, die wir im ersten Kapitel erläutert haben, weil so beide Disziplinen sowohl eine theoretische als auch eine empirische Leitplanke erhalten. Es entsteht ein fundierter Ansatz, um Produkt, Preis, Promotion und Point of Sale gezielt zu optimieren und die irreführende Welt des rationalen Entscheidungsmodells zu verlassen.

Das klingt eigentlich simpel und ist es auch, wie wir im folgenden Kapitel zeigen werden, aber es ist auch eine fundamental andere Vorgehensweise als gewohnt: Viele Konzepte, die getestet werden, leiten sich bisher mehr oder weniger direkt aus dem Modell des Homo oeconomicus ab, und klassische Forschungsmethoden erfassen viel zu wenige relevante Dimensionen, die suboptimale Entscheidungen erklären, weil sie nach wie vor einen zu rationalen und zu bewussten Entscheidungsprozess unterstellen.

3. Der Weg zu einem psychologischen Modell der Kaufentscheidung

Die wesentliche Erkenntnis aus Kapitel 1 und 2 ist, dass das bisher implizit verwendete Modell des Homo oeconomicus über Bord geworfen werden muss. Die empirischen Erkenntnisse der Behavioral Economics dienen als Basis für das neue theoretische Modell, aus dem Hypothesen für die Forschung abgeleitet werden können.

In diesem Kapitel werden wir eine Toolbox vorstellen, die von Vocatus entwickelt und bereits vielfach international ausgezeichnet wurde (Bauer 2010). Für den Prozess der Kaufentscheidung dient sie als Basis für ein neues Forschungsmodell, welches das theoretische Modell ergänzt. Es handelt sich dabei um eine Methode, um Schritt für Schritt zu einem unternehmensspezifischen Kundenmodell zu gelangen. Das daraus entstehende Forschungsmodell dient wiederum als Basis für die Weiterentwicklung der Unternehmensstrategie. Erst wenn ein Unternehmen wirklich verstanden hat, wie und warum sich seine (Nicht-)Kunden für (oder gegen) seine Produkte entscheiden, kann es damit beginnen, diese Entscheidungen systematisch zu beeinflussen. Dabei hilft Behavioral Economics zum einen beim besseren Verstehen der Entscheidungstreiber und zum anderen bei der Entwicklung effizienterer Strategien. In Kapitel 4 erfahren Sie anhand konkreter Praxisbeispiele, wie die Toolbox in der Praxis optimal eingesetzt werden kann.

3.1 Die Toolbox im Überblick

Mit der Toolbox (siehe Abbildung 3.1) werden systematisch alle emotionalen, kognitiven und verhaltensbezogenen Einflussfaktoren auf den Kaufentscheidungsprozess erhoben, seien sie eher unbewusst (System 1) oder bewusst (System 2). Zudem werden alle subjektiv relevanten Entscheidungsdimensionen erfasst, die in der Psycho-Logik der Kaufentscheidung eine Rolle spielen. So werden aus der Vielzahl von Effekten der Behavioral Economics genau diejenigen herausgefiltert, die für den Kaufentscheidungsprozess der Kunden in dieser Branche, bei diesem Produkt und in dieser Kaufsituation wichtig sind und auf die das Unternehmen Einfluss nehmen sollte, wenn es Kaufentscheidungen effektiv beeinflussen will.

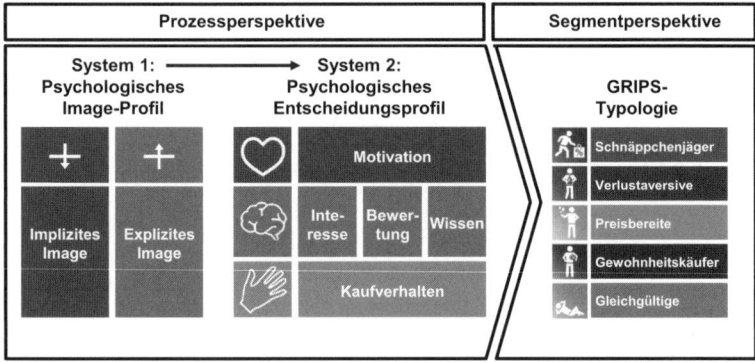

Abbildung 3.1: Die Toolbox zum psychologischen Modell der Kaufentscheidung

Das erste Modul der Toolbox konzentriert sich auf die Erhebung des *Image*. Das subjektive Image determiniert als Filter bereits zu einem sehr frühen Zeitpunkt im Entscheidungsprozess, welche Unternehmen oder Produkte überhaupt in den Entscheidungsprozess aufgenommen werden. Wie Sie später sehen werden, ist das Image bei manchen Arten von Entscheidungen von so überragender Bedeutung, dass die weiteren Phasen des Entscheidungsprozesses gar nicht durchlaufen werden, sondern direkt auf Basis des Image eine Kaufentscheidung getroffen wird oder ein Anbieter aus dem Entscheidungsfunnel fällt.

Im zweiten Modul wird – sofern es eine solche Phase bei dem gegebenen Produkt und Kunden gibt – der bewusste Entscheidungsprozess analysiert. Im ersten Schritt wird dazu die Ebene der *entscheidungsleitenden Motivation* betrachtet. Anstelle des typischerweise blind unterstellten Motivs der Nutzenmaximierung gibt es eine sehr große Bandbreite an Motiven. Sie reicht von dem Wunsch, fair behandelt zu werden, bis hin zu dem Wunsch, ein Schnäppchen zu machen, nicht über den Tisch gezogen zu werden oder sich um nichts kümmern zu müssen. Daneben wird hier auch die Intensität des Motivs und damit das Involvement erfasst. Als Nächstes wird die kognitive Ebene des Entscheidungsprozesses analysiert: Hier wird erhoben, wie hoch das *Interesse* der Kunden an den verschiedenen Angebotseigenschaften ist. Neben dem Interesse muss auch das faktisch im Entscheidungsprozess *vorhandene Wissen* über die Angebotsmerkmale erfasst werden. Interesse und Wissen sollten unbedingt unabhängig analysiert werden, denn nicht immer geht ein hohes Interesse mit einem guten Wissen einher. Als letztes Element im kognitiven wird die *Bewertung* der Angebotsmerkmale erfasst, das heißt es geht darum, ob die einzelnen Aspekte den Erwartungen und Bedürfnissen entsprechen oder nicht. Neben Motiv und Kognition muss aber auch das konkrete *Kaufverhalten* analysiert und das Entscheidungsergebnis berücksichtigt werden. Auch hier kann es zu systematischen »Brüchen« zwischen den anderen Ebenen – Motivation und Kognition – kommen. Sie systematisch erkennen zu können ist der Hauptvorteil dieses Moduls. Während sich die ersten beiden Module der Toolbox dem Entscheidungsprozess in seiner Dynamik widmen, nimmt das dritte Modul mit Blick auf den zugrunde liegenden Entscheider- und Entscheidungstyp eine ergänzende Perspektive ein.

Wir haben bisher mehrfach gezeigt, dass Menschen nicht entscheiden wie ein Homo oeconomicus. Doch wie entscheiden sie dann? Und wie viele unterschiedliche Typen gibt es? In einer großen internationalen Studie sind wir dieser Frage nachgegangen. Diese Grundlagenstudie »Große Internationale Preis-Studie« (GRIPS) fand 2008 in 16 Ländern über 5 Kontinente verteilt statt. Dabei wurden über 30.000 Datensätze erhoben, die die jeweiligen produkttypischen Entscheidungsmuster aufzeigen. Die Befragung wurde seitdem fortgeführt, sodass mittlerweile Daten zu 24 Produktkategorien in 10 Branchen und 25 Ländern vorliegen. Insgesamt wurden bislang weltweit über 150.000 GRIPS-Interviews durchgeführt. Auf Basis der Analyse konnten wir die typischen Entscheidungsprozesse von fünf Typen identifizieren, die über Länder und Branchen hinweg Bestand haben und sowohl im B2C- als auch im B2B-Bereich in allgemeiner Form erklären, wie Menschen an einen Kaufentscheidungsprozess herangehen.

Keiner der fünf Typen entscheidet wie ein Homo oeconomicus, aber jeder folgt einer bestimmten Psycho-Logik über Motiv, Kognition und Verhalten, sodass jeder für sich letztlich vorhersagbar entscheidet. Die fünf »GRIPS«-Typen, wie wir sie nennen, sind: Schnäppchenjäger, Verlustaversive, Preisbereite, Gewohnheitskäufer und Gleichgültige. Doch dazu später mehr.

Die in Abbildung 3.1 dargestellten Ebenen und Dimensionen müssen im Hinblick auf eine konkrete Entscheidung verstanden werden. Dass es genau diese Ebenen und Dimensionen sind, haben wir wie dargestellt aus der Zusammenschau der Erkenntnisse von Behavioral Economics in Kapitel 2 abgeleitet.

In einer konkreten Entscheidung wirken all diese Dimensionen zusammen. Dabei kann es zu spannenden »Diskrepanzen« kommen: Hohes Interesse kann beispielsweise durchaus mit schlechtem Wissen einhergehen, oder die finale Entscheidung orientiert sich nicht mehr an den ursprünglich interessanten Angebotsmerkmalen (siehe die empirischen Ergebnisse zu den Mobilfunkkunden in Kapitel 3.2. Aus diesem Grund muss jede Dimension einzeln betrachtet und erst danach kann alles zu einem ganzheitlichen Bild zusammengesetzt werden. In Kapitel 4 werden wir anhand verschiedener Fallbeispiele erläutern, wie dies aussehen kann.

Gerade die Diskrepanzen bilden dabei das eigentliche Erkenntnispotenzial. Denn sie spiegeln die typischen Entscheidungsfehler wider, die wir aus Behavioral Economics kennen. Hier kommt die Toolbox ins Spiel: Sie erfasst diese in Bezug auf ein konkretes Produkt und führt zu einem valideren Entscheidungsmodell. So wird sichergestellt, dass kein Aspekt bei der Erforschung des Entscheidungsprozesses vergessen wird. Zu häufig fokussiert die klassische empirische Forschung sich allein auf die Frage, wie Kunden ein Produkt bewerten. Dabei werden Motiv, Entscheidungsprozess wie auch die beiden anderen Dimensionen der kognitiven Ebene ausgeblendet. Und was den Entscheidungstyp angeht, unterstellt man sowieso den Homo oeconomicus.

Im Folgenden werden die einzelnen Elemente des entscheidungspsychologischen Modells Schritt für Schritt detailliert beschrieben und Sie erfahren, welche grundlegende Bedeutung jedes Element im gesamten Prozess hat. Wenn in einem konkreten Entscheidungsprozess nur eines dieser Elemente nicht richtig verstanden wird, dann wird der Gesamtprozess nicht korrekt verstanden und es besteht die Gefahr, dass man wichtige Stellhebel für das Unternehmen mit entsprechenden Umsatz- und Margenpotenzialen komplett übersieht.

3.2   Prozessperspektive: Die Module der Toolbox

Image

Das Image umfasst sowohl das Markenimage als auch das Produkt- und Preisimage. Wie wir im Folgenden sehen werden, spielt das Image schon zu einem sehr frühen Zeitpunkt im Entscheidungsprozess eine wichtige Rolle. Es entscheidet darüber, ob ein bestimmtes Unternehmen oder Produkt überhaupt in die engere Wahl kommt und oft auch, welches Produkt letztlich gekauft wird. Dieser Prozess der Vorauswahl findet in der Regel nicht bewusst statt, sondern automatisch und unbewusst, bevor es zum eigentlichen Kaufentscheidungsprozess kommt. So gibt es beispielsweise viele Konsumenten, die beim Autokauf im Grunde nicht markentreu sind, sondern sich bei jedem Kaufvorgang grundsätzlich einen kurzen Überblick über alle Marken auf dem Markt verschaffen. Dennoch: Eine bestimmte Marke lassen sie vielleicht jedes Mal außen vor. Wie es zu der Aversion gegen eben diese Marke gekommen ist, wissen die Konsumenten möglicherweise selbst nicht. Klar ist für sie nur, dass sie ein Auto dieser Marke auf keinen Fall fahren wollen – unabhängig davon, welches Modell das Unternehmen gerade auf den Markt bringt.

Einen noch viel größeren Einfluss hat das Image aber, wenn es um Routineentscheidungen geht. Hier bestimmt das Image häufig nicht nur die Wahl des Anbieters, sondern auch die Wahl des konkreten Produkts. Preise und Produkt-Features spielen dann häufig nur noch eine untergeordnete Rolle, sie nehmen wenig Einfluss auf die Kaufentscheidung, weil diese bereits komplett durch das Image getroffen wurde. Diese Entscheidung fällt weitgehend automatisiert, das heißt hier entscheidet der Autopilot von System 1.

Eine rein rationale Entscheidung ohne jegliche Berücksichtigung des eher emotionalen, unkonkreten Faktors Image, wie sie ein Homo oeconomicus à la Mr. Spock treffen würde, ist hingegen im echten Leben so gut wie nie anzutreffen (siehe Abbildung 3.2).

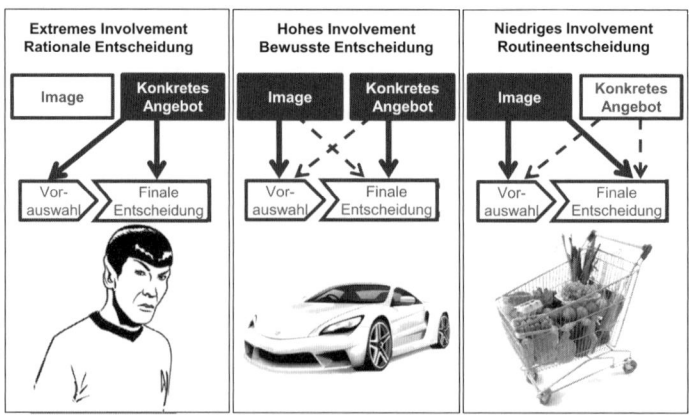

Abbildung 3.2. Die Bedeutung des Image nach Entscheidungsart

Ein Beispiel aus dem Bereich des Preisimage soll dies verdeutlichen. Gehören Sie auch zu der – nicht gerade seltenen – Spezies, die beim wöchentlichen Lebensmitteleinkauf immer den gleichen Supermarkt ansteuert? Und die dann dort, ohne jedes Mal erneut groß auf die Preise zu achten und diese zu vergleichen, die üblichen Artikel mehr oder weniger automatisch in den Einkaufswagen legt? Aber dennoch haben Sie ein ziemlich gutes Gefühl dafür, ob das Produkt, das Sie gerade in den Einkaufswagen legen, günstig oder teuer ist. Woher kommt das?

Das hat viel mit dem Image des Produkts und der Einkaufsstätte zu tun. Genauer: mit dem Preisimage des einzelnen Produkts und insbesondere auch mit dem Preisimage der Einkaufsstätte. Discounter scheinen günstiger zu sein als Supermärkte und diese wiederum günstiger als beispielsweise die Tankstelle, der Bio-Laden oder das Delikatessengeschäft. Dieses Preisimage wird von den meisten Kunden wie selbstverständlich auf das gesamte Sortiment projiziert – ohne zu wissen, wie günstig oder teuer ein konkretes Produkt bei diesem Anbieter tatsächlich ist. Je nachdem wo man also dieses Produkt bezieht, wird das Preisimage mehr von der Anbieter- oder mehr von der Händlermarke gefärbt.

Was für den Lebensmittelhandel gilt, lässt sich ebenso in Drogerien, Baumärkten, Möbelhäusern und Bekleidungsgeschäften, beim Elektrohändler oder Reiseveranstalter beobachten. Doch auch bei Versicherungen, Autos oder Mobilfunkverträgen spielt das Preisimage eine wichtige Rolle. Denn überall schwingt es bei der Entscheidung für oder gegen einen Anbieter mit und beeinflusst dabei bereits sehr frühzeitig, inwieweit dieser überhaupt in die Auswahl einbezogen wird oder vielleicht sogar die erste Wahl ist.

Trotz dieser Bedeutung für die Kaufentscheidung wird das Image oft sträflich vernachlässigt: In allgemeinen Image-Trackings fristet es bestenfalls ein Schattendasein, weil es isoliert statt im Entscheidungskontext betrachtet wird, und in Entscheidungsstudien beginnt der Kaufprozess meist erst dort, wo die infrage kommenden Anbieter bereits klar sind.

Wichtig ist außerdem, dass auch das Image selbst nicht zu eng definiert wird. Das Preisimage wurde bislang beispielsweise häufig auf das Preis-Leistungs-Verhältnis reduziert. Doch viel öfter geben ganz andere Faktoren wie Rabatte, Transparenz oder Fairness den Ausschlag, ob ein Produkt als günstig oder teuer wahrgenommen und letztendlich gekauft wird. Wird das Preisimage nur als Preis-Leistungs-Verhältnis gesehen, kann ein schlechtes Preisimage demnach nur bedeuten: »Wir sind zu teuer. Ergo: Wir müssen billiger werden oder entsprechend die Gegenleistung – also Ausstattung oder Lieferumfang – erhöhen.« Homo oeconomicus lässt grüßen. Nach dieser Logik müsste sich das Preisimage also schlagartig verbessern, wenn ein Möbelhaus seine Rabattaktionen ausweitet. Doch die Erfahrung zeigt: Das Gegenteil ist der Fall. Tatsächlich verschlechtert sich das Preisimage dann häufig sogar.

Daher muss auch das Preisimage aus Kundensicht und nicht aus Sicht des Unternehmens betrachtet werden. Dann erklärt sich auch, warum eine objektive Verbesserung des Preis-Leistungs-Verhältnisses zu einer subjektiv schlechteren Preiswahrnehmung führen kann. Aus den erhöhten Rabattaktionen des Möbelhauses lesen viele Konsumenten heraus, dass die Preise noch weiter gesenkt werden könnten. Das untermauert ihre Vermutung, dass die Margen unfair überzogen sein müssen, wenn solche Rabattspielräume überhaupt möglich sind. Schwerer wiegt aber, dass durch die ständig schwankenden Preise und unbegründeten Rabatte bei ihnen das Wertigkeitsgefühl, etwa für eine Einbauküche oder die neue Couch-Garnitur, verloren geht und sie in der Folge das Preisniveau eher als (zu) hoch bewerten.

Das zeigt, dass auch Aspekte wie Fairness, Transparenz oder Preisschwankungen (Volatilität) das Preisimage entscheidend beeinflussen können. Je nach Branche und Produkt können weitere Dimensionen hinzukommen, die das Preisimage prägen – etwa die Rabattgestaltung und Finanzierungskonditionen im Automobilbereich, der Sortimentsumfang im Lebensmittelhandel oder der Vertrauensvorschuss, dass sich die Versicherung im Schadensfall nicht kleinlich zeigen wird.

Ebenso wichtig ist es, bei der Analyse des Preisimage den konkreten Entscheidungsprozess für ein bestimmtes Produkt im Blick zu haben. Denn selbst bei so leicht vergleichbaren Artikeln wie Lebensmitteln widerspricht das subjektive Preisimage oft den tatsächlichen, objektiven Preisen. Der Grund: Je nach Einkaufsstätte herrschen andere Erwartungen vor. Während die Lebensmittel-Discounter in der Regel auf rein preisbezogene Aspekte reduziert werden, spielen beim Supermarkt neben dem Preis eben auch die Sortimentsvielfalt und Lebensmittelqualität eine wichtige Rolle. Das wirkt sich auf die Einkaufsstrategien aus: Wer beim Discounter nur die Wahl hat zwischen dem normalen Naturjoghurt und der fettreduzierten Variante, wählt das Produkt, das seinen Vorlieben am ehesten entspricht und schenkt dem Preis dabei meist keine sonderliche Beachtung – schließlich »weiß« man ja, dass es im Discounter günstig ist.

Steht die gleiche Person im Supermarkt vor einem meterlangen Joghurt-Regal mit unterschiedlichsten Packungsgrößen von unzähligen Anbietern, spielen plötzlich ganz andere Aspekte eine Rolle: Will man sich »mal etwas gönnen« oder das günstigste Produkt erstehen? Da die Sortimentsvielfalt im Supermarkt naturgemäß größer ist als beim Discounter, werden Konsumenten dort viel häufiger in eben diese Entscheidungssituation gebracht. Die Folge: Am Ende geben sie dort tatsächlich mehr Geld aus, weil sie häufiger zu einem teureren Markenprodukt statt zur günstigen Handelsmarke greifen. Den Mehrbetrag, den sie an der Kasse bezahlen, schreiben sie aber nicht ihrem eigenen Einkaufsverhalten, sondern den scheinbar allgemein höheren Preisen im Supermarkt zu.

Dass das Image ein weicher Faktor mit harten Konsequenzen ist, wird am *Imagepremium* besonders deutlich. Schauen wir uns dazu einmal den Online-Textilhandel an: Händler 1 hat das Image eines günstigen Anbieters, während Händler 2 als eher teuer gilt. Das kann dazu führen, dass das genau gleiche Kleid mit identischem Preis bei Händler 1 als günstiger wahrgenommen wird als bei Händler 2. Dieses Imagepremium lässt sich auch quantifizieren. In Abbildung 3.3 sehen Sie das Ergebnis unserer Imagepremium-Analyse. Sie zeigt, wie teuer das Kleid bei Händler 1 werden darf, bis es als genauso teuer empfunden wird wie bei Händler 2. Empirisch lässt sich bei diesem Beispiel ein Imagepremium von 15 Euro nachweisen. Händler 1 kann also für das genau gleiche Kleid 94 Euro verlangen, um genauso günstig zu wirken wie Händler 2, der das Kleid weiterhin für 79 Euro verkaufen muss. Das Imagepremium gibt einen ersten Hinweis darauf, welchen Spielraum ein Anbieter hat, und es verdeutlicht, welchen Mehrwert das detaillierte Verständnis des Image und seiner Facetten im Entscheidungsprozess hat. Geht man von gleichen Einkaufskonditionen und vergleichbaren Vertriebskosten aus, sind diese 15 Euro nämlich reine Marge.

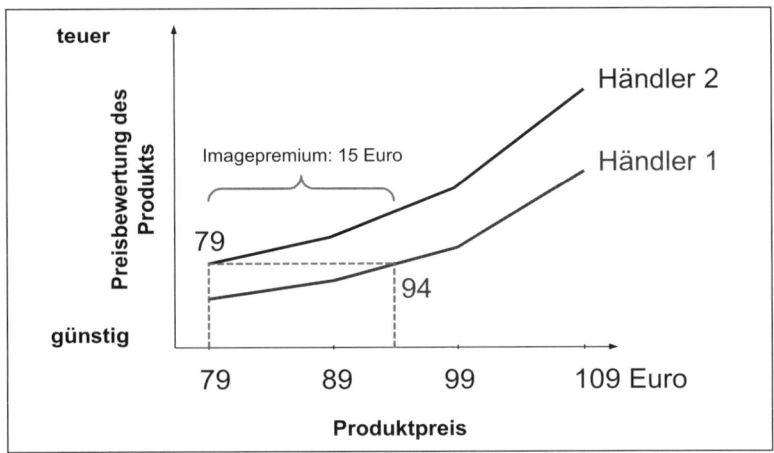

Abbildung 3.3: Image und Preiswahrnehmung

Die Imagepremium-Analyse verdeutlicht jedoch noch einen weiteren Aspekt: Man muss zwischen dem impliziten und dem expliziten Image unterscheiden. Während Letzteres von Kunden auch bewusst artikuliert werden kann (selbst wenn dessen Wirkung unbewusst ist), ist das implizite Image auf klassischem Befragungswege kaum sinnvoll zu ermitteln. Hier müssen Verfahren mit experimentellen Erhebungsdesigns zum Einsatz kommen. Die Quantifizierung des Imagepremiums ist das Ergebnis eines solchen Verfahrens, weil man auf die Frage »Wie viel teurer darf das Kleid bei Händler 1 sein?« keine sinnvolle Antwort erwarten kann.

Doch nicht nur im B2C-Bereich werden Entscheidungen getroffen, die mit dem Modell des Homo oeconomicus nicht vereinbar sind und erhebliche Margenpotenziale eröffnen. Der B2B-Bereich ist von den Entscheidungsmustern der Behavioral Economics und speziell dem Preisimage genauso betroffen, obwohl man es dort eigentlich noch weniger erwarten würde. Wenigstens dort, bei den Profis, so denken wir, muss es doch den Homo oeconomicus und rationale Entscheidungen geben. Zumindest die Einkäufer, die schließlich dafür bezahlt werden, den Markt zu kennen und den günstigsten Preis herauszuschlagen, müssen doch rational entscheiden. Empirische Untersuchungen zeigen jedoch das Gegenteil. Denn: Auch Einkäufer sind nur Menschen.

Das folgende Beispiel zeigt einen Einkaufsprozess im B2B-Bereich. Sowohl Anbieter A als auch Anbieter B haben ein sehr umfangreiches Sortiment an technischen Kleinteilen, zu denen es Standardpreislisten gibt. Aufgrund der hohen Anzahl der Produkte sind die Listen jedoch sehr dick, unübersichtlich und unverständlich. Außerdem werden auf die Listenpreise in der Regel hohe Rabatte gewährt, sodass die Listenpreise kaum mehr ernst genommen werden. Sie haben ihre Steuerungsfunktion verloren. Die Käufer dieser Produkte sind verarbeitende Unternehmen. Für sie sind diese Produkte der Hauptbestandteil ihres Endprodukts, womit deren Einkauf sehr margenkritisch ist.

Die empirische Untersuchung zeigt, dass das Preisimage des Anbieters, welches die Anbieterwahl wesentlich beeinflusst, nicht durch die tatsächlichen Preise bestimmt wird, sondern primär durch die Höhe der Jahresrabatte. Die Ursache liegt darin, dass die Preislisten viel zu komplex sind, während der jährliche Rabatt einfach zu merken ist. In Abbildung 3.4 gibt Anbieter A hier einen durchschnittlichen Rabatt von 36 Prozent, während Anbieter B einen durchschnittlichen Rabatt von 42 Prozent gewährt. Die Höhe des Rabatts bestimmt beim Einkäufer das Preisimage des jeweiligen Anbieters. Anbieter B mit den hohen Rabatten wird als »günstig« wahrgenommen, während Anbieter A, der nur 36 Prozent Rabatt bietet, als »teuer« eingestuft wird. Wenn man sich die Mühe macht und die tatsächlichen Preise laut Preisliste miteinander vergleicht, stellt man jedoch fest, dass Anbieter B um insgesamt

15 Prozent höhere Ausgangspreise hat. Trotz der größeren Rabatte landet er also in Summe immer noch bei einem Produktpreis von 67 Prozent, während Anbieter A mit 64 Prozent eindeutig billiger ist.

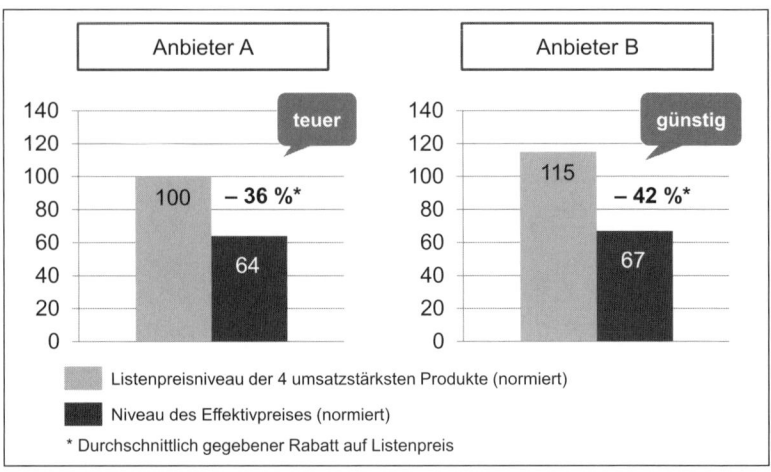

Abbildung 3.4: Bedeutung des Preisimage im verarbeitenden Gewerbe

Da aber für die Einkäufer der Rabatt und nicht der tatsächliche Preis die ausschlaggebende Rolle spielt, hat Anbieter A fälschlicherweise das schlechtere Preisimage und verliert trotz objektiv günstigerer Preise kontinuierlich an Marktanteil.

Neben dem fehlenden Marktüberblick spielt hier natürlich auch die Incentivierung des Einkaufs eine erhebliche Rolle. Zielvereinbarungen im Einkauf sind in der Regel nicht an absoluten Preisen ausgerichtet, da diese von Jahr zu Jahr aufgrund von technologischen Entwicklungen, Lieferengpässen und veränderten Rohstoffpreisen steigen oder fallen können und daher die Leistung des Einkäufers schlecht daran bemessen werden kann. Vielmehr werden die Einkäufer häufig danach bewertet, welchen Preisnachlass sie im Vergleich zum Listenpreis verhandelt haben. Das in diesem Fall suboptimale Entscheidungsverhalten wird also durch die Incentive-Struktur im Unternehmen noch gefördert. Das

Unternehmen kauft folglich primär bei dem objektiv teureren Anbieter B ein, weil dieser subjektiv als fairer und günstiger wahrgenommen wird. Durch eine geschickte Preisstruktur kann Anbieter B also höhere Preise durchsetzen und dabei gleichzeitig Marktanteile gewinnen.

Motivation

Die Frage nach der Motivation stellt sich beim Homo oeconomicus normalerweise nicht, weil seine Motivlage per Definition klar ist. Im wirklichen Leben zeigt sich aber, dass Menschen ganz unterschiedliche Motive haben können, die sie im Rahmen einer Kaufentscheidung verfolgen. Manchen Kunden geht es primär darum, ein Schnäppchen zu machen und einen möglichst hohen Rabatt für sich herauszuhandeln. Andere suchen vor allem Sicherheit, wollen fair behandelt und nicht über den Tisch gezogen werden, auch wenn sie nicht unbedingt den günstigsten Preis bekommen. Bei manchen Produkten ist die Entscheidung vielen Kunden egal – sie kaufen einfach gewohnheitsmäßig das, was sie schon immer gekauft haben.

Die Motivation kann also sehr vielfältig sein, und wenn man die Motive des Kunden im Detail versteht, kann es in Einzelfällen sogar sinnvoll sein, mit Preiserhöhungen zu werben, selbst wenn es sich um ein reines »Commodity«-Produkt handelt: So warb 2009 ein Milchhersteller aktiv für seine um 10 Cent teurere Milch mit dem Slogan »Ein Herz für Erzeuger – garantiert +10 Cent für die heimische Landwirtschaft«. Offenbar ist eine ganze Reihe von Menschen bereit, aktiv und bewusst mehr zu zahlen, um die heimische Landwirtschaft zu unterstützen. Ein Homo oeconomicus, der nur an sich denkt, würde niemals auf eine solche Idee kommen.

Die Motivlage ist aber nicht nur von Person zu Person, sondern vor allem von Entscheidung zu Entscheidung unterschiedlich ist. Man stelle sich vor, ein Energieversorger würde mit dem gleichen Slogan werben (»Ein Herz für Energieanbieter ... «). Der Aufschrei wäre wohl genauso groß wie die Kündigungsquote. Diese Beispiele zeigen zwei Dinge: Erstens ist es zentral, das Motiv zu verstehen. Das kann nicht dem Glauben an den Homo oeconomicus überlassen werden, sondern muss empirisch analysiert werden. Zweitens können die relevanten Entscheidungsmotive von Branche zu Branche variieren.

Interesse

Das Interesse der Kunden an bestimmten Angebotsmerkmalen kann sehr unterschiedlich sein – zwischen Kunden und zwischen den Merkmalen eines Angebots. Es kann, muss aber nicht abhängig von der Motivation sein und muss deshalb separat analysiert werden.

Unsere Untersuchungen zeigen auch, dass sich die Merkmale, für die sich Kunden interessieren, typischerweise mit dem Produktlebenszyklus verändern. Bei einem innovativen Produkt sind in der Regel die Produkt-Features von großem Interesse. Sobald sich das Produkt aber zu einer Commodity entwickelt, wird der Preis entsprechend wichtiger (siehe Abbildungen 3.5 und 3.6).

Abbildung 3.5: Entscheidungsrelevante Faktoren für innovatives Produkt (B2B)

Abbildung 3.6: Entscheidungsrelevante Faktoren für bekanntes Produkt (B2B)

Auch innerhalb der einzelnen Unterpunkte gibt es noch eine Vielzahl weiterer Differenzierungsmerkmale, die relevant sind. So ist zum Beispiel beim Preis keineswegs nur die absolute Preishöhe relevant, sondern auch die Preisdynamik (Veränderung im Zeitablauf, Rabatte), die Preisstruktur (feste und variable Komponenten, Vorabzahlung und laufende Zahlung) und die Preiskommunikation. Genauso haben alle anderen entscheidungsrelevanten Faktoren eine Vielzahl von weiteren Differenzierungsmerkmalen, die für die Entscheidung relevant sind und im Einzelfall verstanden werden müssen.

Wichtig bei der Analyse des Interesses ist die Art, wie man nach der Wichtigkeit der Angebotsmerkmale fragt, und wie man diese Ergebnisse interpretiert. Denn immer wieder zeigt sich zum einen, dass – fragt man Kunden direkt – alles furchtbar wichtig ist. Zum anderen sollte man empirisch ermittelte Wichtigkeiten nie absolut, sondern immer im Kontext aller Angebotsmerkmale interpretieren.

Wissen

Eine Grundannahme des Homo oeconomicus ist, dass der Entscheider perfekt über alle verfügbaren Produkte und Preise informiert ist, also volle Markttransparenz hat. Wenn wir nun aber wissen, dass diese Annahme falsch ist, dann ist die entscheidende Frage, wie viel Information die Kunden nun genau haben und welche Informationen ihnen vorliegen. Denn die Entwicklung neuer Produktvorteile ist der falsche Weg, wenn die Konsumenten viele Vorteile, die das Angebot heute schon hat, gar nicht kennen.

Typischerweise wird im Unternehmen unterstellt, dass dem potenziellen Käufer viel mehr Informationen über Produkte und Preise vorliegen, als dies tatsächlich der Fall ist. Der Mobilfunkbereich mit seinen komplizierten Tarifstrukturen ist hier ein besonders gutes Beispiel: 43 Prozent der Mobilfunkkunden wissen nicht, was sie für die Mobilfunknutzung bezahlen, obwohl der Preis für sie eines der wichtigsten Entscheidungskriterien war. 52 Prozent der Mobilfunkkunden halten Mobilfunk für teuer, ohne die Preise überhaupt zu kennen. 57 Prozent sind sich sicher, dass sie nicht beim billigsten Anbieter sind, obwohl der Preis eines ihrer wichtigsten Entscheidungskriterien war. Im B2B-Bereich ist die Situation nicht anders, auch wenn das immer wieder vermutet wird.

Die Realität im B2B-Bereich zeigt zwar, dass bei bekannten Produkten das Preiswissen zunimmt, sich aber meist immer noch auf weit niedrigerem Niveau befindet als man annehmen würde (siehe Abbildung 3.7). Fairerweise muss man sagen, dass die Güte des Wissens sehr stark von der Branche und der Relevanz des Produkts für das eigene Geschäft abhängt.

Bei diesen beiden Beispielen aus der Logistik- und Kommunikationsbranche war die Preiskenntnis bei der Produktneueinführung erwartungsgemäß gering. Als die jeweiligen Produkte später im Markt eingeführt waren, stiegen das Preiswissen und die Anzahl der Kunden, die mit ±10 Prozent ein halbwegs korrektes Wissen über die Preise hatten, auf immerhin 25 Prozent. Doch die beiden Beispiele zeigen, dass selbst bei einem eingeführten Produkt immer noch 75 Prozent der Kunden entweder den Preis gar nicht kennen oder glauben, ihn zu kennen, ihn aber um mehr als 10 Prozent über- oder unterschätzen.

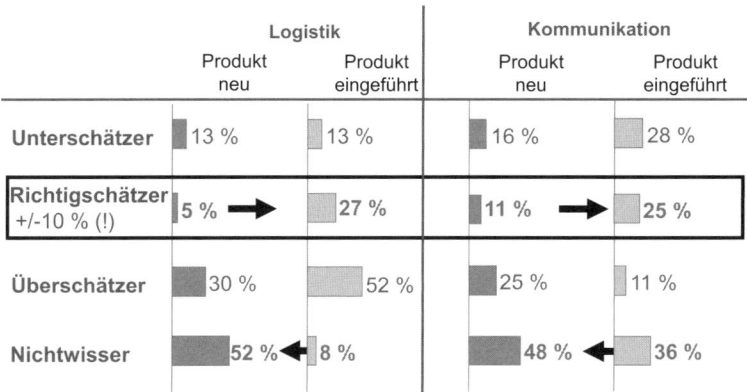

	Logistik		Kommunikation	
	Produkt neu	Produkt eingeführt	Produkt neu	Produkt eingeführt
Unterschätzer	13 %	13 %	16 %	28 %
Richtigschätzer +/-10 % (!)	5 % ➡	27 %	11 % ➡	25 %
Überschätzer	30 %	52 %	25 %	11 %
Nichtwisser	52 % ⬅	8 %	48 % ⬅	36 %

Abbildung 3.7: Preiswissen bei bekannten und unbekannten Produkten

Die Analyse des Wissens umfasst auch einen weiteren besonders wichtigen Aspekt: die Identifikation von *Markerelementen*. Markerelemente sind Angebotsmerkmale, die in besonders starkem Maß die Attraktivität des Gesamtangebots beeinflussen, weil viele Menschen diese Merkmale als Anhaltspunkt nehmen, um auf die Gesamtattraktivität zu schließen. Hierbei kann es sich um besonders zentrale Produkte eines Angebots (zum Beispiel die Milch als klassischer »Eckartikel« im Lebensmitteleinzelhandel) oder um einzelne Merkmale eines Produkts handeln.

Beim Autokauf ist es beispielsweise für Kunden oft schwierig einzuschätzen, ob ein Auto – gemessen am Gegenwert, den der Kunde dafür bekommt – nun teuer oder günstig ist. Er kann zwar die absoluten Preise vergleichen, aber die Autos unterschiedlicher Marken sind völlig unterschiedliche Produkte, sodass ein reiner Preisvergleich nichts bringt. Die empirische Analyse des Entscheidungsprozesses beim Autokauf hat ergeben, dass die Kunden sich daher zur Einschätzung der

Preisgünstigkeit häufig an den Kosten der Zusatzausstattung orientieren. Wenn man für die komplette Sonderausstattung eines Autos die Kunden nach Preisschätzungen fragt und dies dann mit den tatsächlichen Listenpreisen vergleicht, erhält man eine Liste von Abweichungen, bei denen die Kunden den Preis entweder zu hoch oder zu niedrig einschätzen. Fragt man gleichzeitig auch danach, wie sicher sie sich bei ihrer Preisschätzung sind, ergibt sich eine faszinierende Ergebnismatrix (siehe Abbildung 3.8).

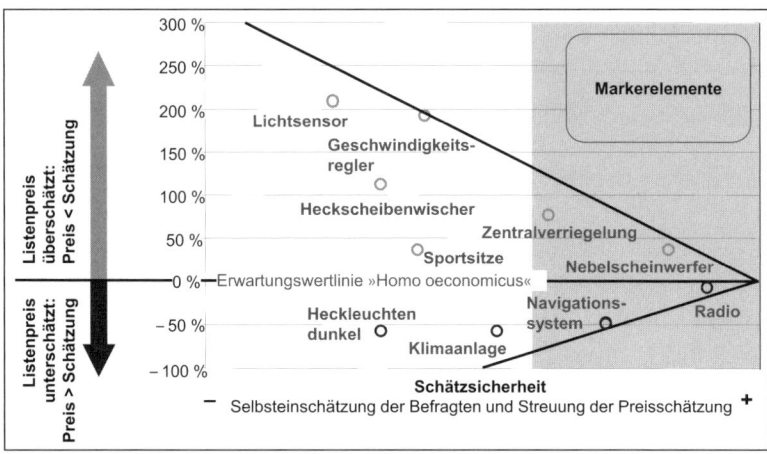

Abbildung 3.8: Markerelemente bei der Sonderausstattung von Autos

Die Ausstattungselemente, bei denen sich die Kunden in der Preisschätzung besonders sicher sind, sind diejenigen, die sie bei der Einschätzung und beim Vergleich der Preisgünstigkeit eines Angebots besonders stark beachten. Das sind unsere Markerelemente. Nur weil sich der Kunde bei seiner Preisschätzung sicher ist, heißt das noch lange nicht, dass die Preisschätzung deshalb korrekt ist. Je sicherer der Kunde sich ist, desto genauer wird zwar in der Regel die Preisschätzung, aber Abweichungen von 50 bis 100 Prozent sind auch bei den Preisen, bei denen der Kunde von seinem Wissen sehr überzeugt ist, absolut keine Seltenheit.

Wenn sich also der Kunde bei der Preisschätzung für das Navigationssystem sehr sicher ist und gleichzeitig das Navigationssystem in der Realität deutlich teurer ist, als der Kunde vermutet hat, entsteht bei dem Kunden der Eindruck, dass das Navigationssystem sehr teuer ist. Gleichzeitig war sich der Kunde aber bei der Preisschätzung sehr sicher, sodass er diesen Eindruck von »teuer« nun auf andere Elemente überträgt. Für alle Elemente, die der Kunde auf Basis seines eigenen Wissens nicht gut einschätzen kann, entsteht nun der Eindruck: »Oh, der Anbieter ist aber unverschämt teuer.« Hätte das Unternehmen das Navigationssystem billiger angeboten, notfalls quersubventioniert und dafür die Zentralverriegelung, die chronisch überschätzt wird, teurer gemacht, hätte der Kunde hingegen den Gesamteindruck, das Auto sei sehr fair bepreist – ohne dass der Preis für das Auto inklusive Sonderausstattung deshalb niedriger ausfallen müsste!

Bewertung

Die Analyse der Bewertung von Angebotsmerkmalen ist der am weitesten entwickelte Bereich der klassischen Forschung. Das liegt daran, dass dies gleichzeitig derjenige Aspekt ist, den man analysieren muss, wenn man ganz fest an den Homo oeconomicus glaubt. Auf die Analyse des Motivs und das Wissen des Kunden kann man verzichten, aber wie bestimmte Merkmale bewertet werden, müsste auch bei einem Homo oeconomicus untersucht werden.

Daher gibt es in diesem Bereich zahlreiche erprobte Verfahren zur Quantifizierung von Präferenzen, wie beispielsweise die Conjoint-Analyse. Jedes Verfahren hat seine Stärken und Schwächen. Während zum Beispiel die Conjoint-Analyse recht gut die Bewertung konkreter Merkmalsausprägungen (zum Beispiel PS eines Fahrzeugs) erfassen kann, ist es ein recht krudes Verfahren, wenn es um die Identifikation klassischer Bewertungsschwellen geht (zum Beispiel: Welches sind die kritischen Mindest- oder Maximal-PS-Schwellen?). Hier muss man die Vorteile verschiedener klassischer Ansätze kombinieren.

Ein Punkt trifft aber auf alle klassischen Verfahren zu, die in diesem Bereich eingesetzt werden: Sie unterstellen einen Homo oeconomicus, weshalb sie weder Motiv noch Wissen noch Interesse erfassen und damit Bewertungssensitivitäten notorisch überschätzen. In Kapitel 4.2 werden wir an einem konkreten Beispiel aufzeigen, wie man eine klassische Bewertungsmethode so erweitern kann, dass darin auch die anderen Entscheidungsdimensionen berücksichtigt werden.

Ein weiterer Aspekt, dem klassische Verfahren nicht wirklich Rechnung tragen, ist die in Kapitel 2 schon thematisierte Tatsache, dass Menschen nicht absolut bewerten, sondern relativ, sich also immer an einem Referenzwert orientieren, um ihre eigene Einschätzung zu validieren. Das Beispiel eines Herstellers für Brotbackautomaten in den USA soll dies verdeutlichen: Der Hersteller entwickelte einen neuen Brotbackautomaten und bot ihn in Amerika als neues Küchenutensil für Privathaushalte an. Die Nachfrage war schleppend, das Gerät verkaufte sich einfach nicht. Die Kunden wussten wohl nicht so recht, ob man so ein Küchenutensil wirklich brauchte. Die meisten Hersteller hätten die Produktinnovation »Brotbackautomat« daraufhin eingestellt und das Experiment und die daraus entstandenen Verluste in einen Mantel des Schweigens gehüllt. Doch statt den Automaten aus seinem Sortiment zu streichen, brachte der Hersteller einen zweiten auf den Markt. Dieser war nicht nur größer, sondern auch noch deutlich teurer. Das erscheint zunächst etwas sonderbar, entpuppte sich aber als eine sehr erfolgreiche Strategie: Zwar kaufte auch den zweiten Brotbackautomaten kaum jemand, aber dafür kauften die Konsumenten jetzt das erste, günstigere Gerät!

Menschen orientieren sich bei der Bewertung in der Regel an Vergleichswerten. Fehlen diese Orientierungsmarken oder Anker, wie etwa bei komplett neuartigen Produkten, fällt es ihnen meist schwer, ein Produkt und dessen Preis zu bewerten. Im Zweifelsfall kaufen sie es lieber gar nicht, als das Risiko einer falschen, überteuerten Entscheidung einzugehen. Erst durch den zweiten, teureren Brotbackautomaten konnten die Konsumenten also den Wert des Geräts einschätzen. So wählten viele nun den günstigeren Automaten, weil sie glaubten, dass dieser für ihre Bedürfnisse ausreichend sei (»Der Teure muss ja nicht sein, der Günstigere tut es für meine Verhältnisse auch«). In diesem Fall schadet es auch gar nicht, wenn das teure Modell überdimensioniert ist und für die meisten Haushalte nicht infrage kommt. Sie sehen also: Es ist oft wichtiger, den Kunden einen guten Grund zu liefern, warum sie sich jetzt für ein bestimmtes Produkt entscheiden sollen, als beispielsweise das Produkt selbst zu verbessern.

Kaufverhalten

Bei der Analyse des tatsächlichen Kaufverhaltens, sei es der physische oder der mentale Entscheidungsprozess, rücken die Dynamik und die Phasen einer Kaufentscheidung in den Vordergrund. Auf dieser Ebene werden der initiale Trigger und der letztendlich ausschlaggebende Kaufgrund genauso analysiert wie das Ergebnis, nämlich ob und was letztlich gekauft wurde (siehe Kapitel 4.4). Ein sehr wichtiger Faktor ist dabei auch, wie viele Optionen den Kunden zur Verfügung gestellt werden sollten. Erinnern Sie sich an das Paradox of Choice: Menschen wollen zwar viele Optionen, können sich aber nicht entscheiden, wenn es keine klar zu präferierende Option gibt.

Im folgenden Beispiel geht es um eine Tarifübersicht für verschiedene Mobilfunktarife auf einer Internetseite, zwischen denen ein neuer Mobilfunkkunde auswählen kann (siehe Abbildung 3.9). Der Kunde sieht zunächst eine Übersicht von 21 Tarifen, die nicht weiter erklärt werden und sich nur durch ihren Namen unterscheiden. Was nicht sehr hilfreich für die Entscheidung ist, denn wie soll man sich entscheiden zwischen »Absolut Zero«, »Special Zero« oder »Start Zero«? »Zero« erweckt zunächst den Anschein, als wäre alles kostenlos. Doch da sind noch drei verschiedene »Free«-Tarife, die sich ebenfalls kostenlos anhören. Zwar bietet die Website die Möglichkeit, zwei oder drei Tarife auszuwählen und miteinander zu vergleichen. Bei über 400 Tarifkombinationen, die verglichen werden können, ist das jedoch nicht unbedingt ein Weg, der dem Kunden die Entscheidung erleichtert.

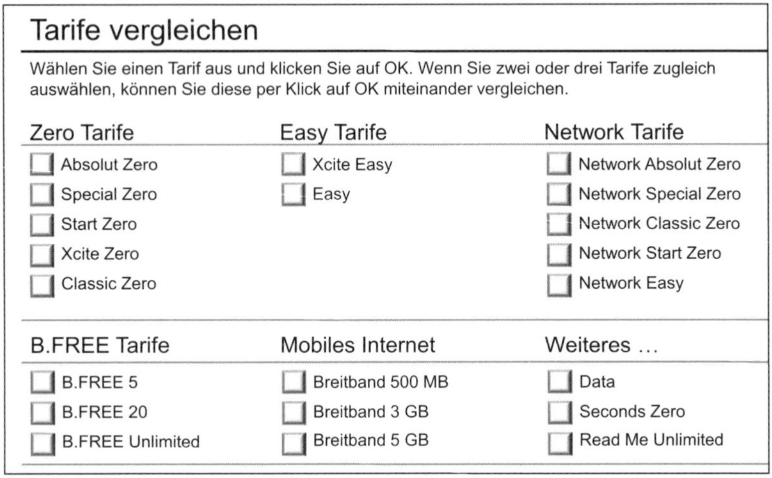

Tarife vergleichen

Wählen Sie einen Tarif aus und klicken Sie auf OK. Wenn Sie zwei oder drei Tarife zugleich auswählen, können Sie diese per Klick auf OK miteinander vergleichen.

Zero Tarife	Easy Tarife	Network Tarife
☐ Absolut Zero	☐ Xcite Easy	☐ Network Absolut Zero
☐ Special Zero	☐ Easy	☐ Network Special Zero
☐ Start Zero		☐ Network Classic Zero
☐ Xcite Zero		☐ Network Start Zero
☐ Classic Zero		☐ Network Easy

B.FREE Tarife	Mobiles Internet	Weiteres …
☐ B.FREE 5	☐ Breitband 500 MB	☐ Data
☐ B.FREE 20	☐ Breitband 3 GB	☐ Seconds Zero
☐ B.FREE Unlimited	☐ Breitband 5 GB	☐ Read Me Unlimited

Abbildung 3.9: Die Vielfalt von ähnlich klingenden Tarifen erschwert die Entscheidung des Kunden

Zwar zeigen Untersuchungen immer wieder, dass Kunden umso zufriedener sind, je mehr Auswahlmöglichkeiten sie haben. Mehr Optionen machen also glücklicher. Wie das Beispiel mit den Marmeladensorten in Kapitel 2 zeigt, haben Menschen jedoch umso mehr Schwierigkeiten, sich zu entscheiden, je mehr Optionen sie haben. Wenn es dem Unternehmen also darum geht, seine Produkte zu verkaufen, dann muss es dem Kunden bei der Entscheidung helfen. Das erreicht man in der Regel nicht durch mehr Optionen, sondern durch wenige, wohl gewählte Optionen, bei denen dem Kunden die Kaufentscheidung leichtfällt. Das Unternehmen muss die Entscheidungssituation für den Kunden so einfach gestalten, dass es sich im Idealfall gar nicht wie eine Entscheidung anfühlt.

Welche immensen Auswirkungen es auf den Unternehmenserfolg haben kann, wenn ein Unternehmen es schafft, die Kaufentscheidung seiner Kunden wirklich zu verstehen und sein Angebot entsprechend darauf auszurichten, zeigt folgendes Beispiel: In der Wirtschaftskrise 2008/2009 brach der komplette Immobilienmarkt in den USA zusammen. Als Konsequenz verloren viele Menschen ihre kreditfinanzierten Häuser und aufgrund der Wirtschaftskrise auch noch ihren Job. Versetzen wir uns nun in die Situation eines Automobilherstellers, der trotz Wirtschaftskrise weiterhin Autos verkaufen möchte. Zunächst fielen die Menschen, die bereits Job und Haus verloren hatten, als potenzielle Kunden weg, wodurch die Nachfrage sank. Doch auch die Kunden, die noch einen Job hatten und die Raten für ihre Häuser abzahlen konnten, mussten erst einmal davon überzeugt werden, dass genau jetzt der richtige Zeitpunkt war, um ein neues Auto zu kaufen.

Grundsätzlich hatten diese Menschen alle schon ein Auto, weil man in den USA ohne Auto kaum einen Job ausüben kann. Die meisten waren zwar schon etwas ältere Baujahre, hätten aber problemlos noch ein paar Jahre länger gefahren werden können. Es gab also für die meisten potenziellen Kunden keine dringende Notwendigkeit, gerade jetzt ein neues Auto zu kaufen. Gleichzeitig hatten auch sie aufgrund der gesamten Krisensituation Angst, dass es sie selbst als Nächstes treffen könnte. In solch einer Situation tendieren die meisten Menschen dazu, das vorhandene Auto lieber noch ein Jahr länger zu fahren und erst einmal abzuwarten, was passiert. Aus Sicht der Autohersteller war das eine katastrophale Entwicklung. Denn wenn der Großteil der Kunden einen Neuwagenkauf um ein oder zwei Jahre verschiebt, bricht für sie fast der komplette Markt weg. Gleichzeitig verursachen die vorhandenen Fertigungskapazitäten und Hundertausende von Angestellten immense Fixkosten. Für die Autohersteller war es eine Frage des Überlebens, ihre Autos jetzt zu verkaufen – und nicht erst in ein oder zwei Jahren.

Die meisten Autohersteller taten nun das, was man mit der Annahme des Homo oeconomicus im Hinterkopf intuitiv logisch findet: Sie versuchten den Absatz zu steigern, indem sie die Preise senkten. Sie gaben Rabatte. Leider änderte das nicht viel an dem Problem, dass sie viel zu wenige Autos verkauften. Also gaben sie höhere Rabatte. Die anderen Autohersteller sahen die Rabatte der Konkurrenz und begannen, noch höhere Rabatte zu geben, um mithalten zu können. Die Rabattspirale schraubte sich immer weiter, bis die Autos schließlich zu Preisen angeboten wurden, welche die Herstellkosten bei Weitem nicht mehr deckten. Doch das war den Autoherstellern in ihrer heiklen Situation egal. Sie wollten wenigstens die variablen Kosten der Produktion decken können, um die Werke am Laufen zu halten, und nahmen daher hohe Verluste hin, solange nur wenigstens ein paar Fahrzeuge verkauft wurden.

Was war das Ergebnis dieser Rabattschlacht? In dem Zeitraum von Januar 2008 bis Januar 2009 brachen die Umsätze von Chrysler um 55 Prozent ein. GM verlor 49 Prozent, Ford sackte um 42 Prozent ab. Mercedes, Toyota und Honda verloren zwischen 28 und 36 Prozent. Der Markt brach also trotz hoher Rabatte völlig zusammen.

Doch es gab einen Autohersteller, der sich die Mühe gemacht hatte, sich in die psychologische Situation seiner Kunden hineinzuversetzen. Das Problem war schließlich nicht, dass die Leute zum jetzigen Zeitpunkt kein ausreichendes Eigenkapital für ein neues Auto gehabt hätten und sie es sich bei einem niedrigen Preis dann plötzlich doch leisten konnten. Fahrzeuge werden in den USA üblicherweise ohnehin über Leasing oder Kredite finanziert, sodass das Eigenkapital keine entscheidende Rolle spielt. Das grundlegende Problem war, dass die Leute Angst vor der Zukunft hatten und eine große Unsicherheit verspürten. Sie hatten Angst, ihren Arbeitsplatz zu verlieren und zusätzlichen zu den Raten für das Haus auch noch das neue Auto abbezahlen zu müssen.

Genau bei diesen Zukunftsängsten setzte der Automobilhersteller Hyundai an. Statt seine Autos über Rabatte billiger zu machen, gab Hyundai den Kunden das Versprechen, sie nicht im Regen stehen zu lassen, falls es hart auf hart käme. Hyundai versprach, für drei Monate die Raten für das Auto selbst zu tragen, sollte der Kunde seinen Arbeitsplatz verlieren. So hätte der Kunde weiterhin ein Auto für die Jobsuche und müsste zudem während der Arbeitslosigkeit keine Raten zahlen. Für den Fall, dass es noch schlimmer kommen und der Kunde innerhalb von drei Monaten keinen neuen Arbeitsplatz finden würde, gab Hyundai ein weiteres Versprechen: Man würde das Auto zurücknehmen und den Leasingvertrag oder Kredit ohne Kosten für den

Kunden auflösen. Der Erfolg auf dem Markt war durchschlagend. In einer Zeit, in der die Umsätze aller anderen Automobilhersteller massiv einbrachen, stiegen die Umsätze von Hyundai um 9 Prozent (siehe Abbildung 3.10).

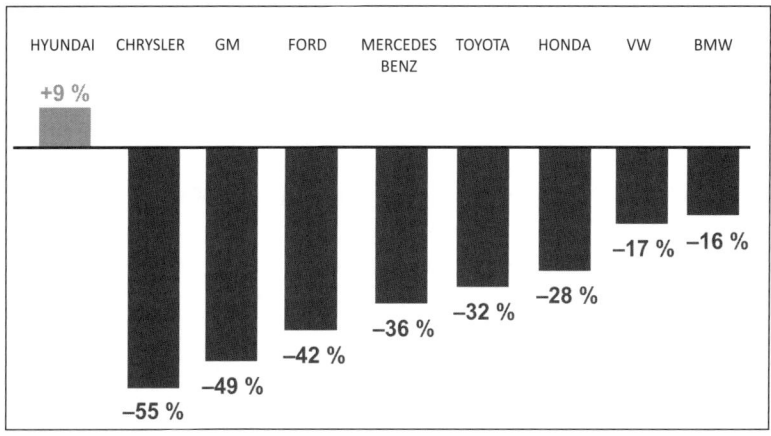

Abbildung 3.10: Verkaufte Fahrzeuge in den USA in 2008

Was kostete Hyundai diese Maßnahme letzten Endes? Bis zum Jahr 2010 wurden in den ganzen USA lediglich 75 Autos an Hyundai zurückgegeben. Diese waren jedoch nicht wertlos, sondern konnten sogar noch weiterverkauft werden. Hyundai hatte also praktisch keine zusätzlichen Kosten. Dabei musste Hyundai im Gegensatz zu allen anderen Herstellern kaum Rabatte geben, sondern verkaufte die Autos mit der vollen Marge. Viele Wettbewerber hingegen litten jahrelang unter den zu Krisenzeiten gewährten Rabatten, denn die Kunden sehen nicht ein, warum vor ein paar Jahren 30 Prozent Rabatt möglich waren, es heute aber nicht mehr sind. Für Hyundai liefen die Geschäfte gut, es setzte noch 9 Prozent mehr Autos als im Vorjahr ab, ungleich viel mehr als seine Konkurrenten.

Das Verständnis für das tatsächliche Problem des Kunden und dessen Umsetzung im Rahmen des Versprechens, das Hyundai den Kunden gab, ermöglichte diese Erfolge. Während der Homo oeconomicus immer nur fragt »Wie billig muss ich meine Autos machen, damit sie auch in der Krise noch gekauft werden?«, verstand Hyundai, dass es bei den Kunden gar nicht um den Preis, sondern um Sicherheit ging.

So beeindruckend kann eine erfolgreiche Umsetzung aussehen, wenn man die Kaufentscheidung des Kunden erst einmal verstanden hat. Ein besonderer Aspekt der ganzen Kampagne ist, dass Hyundai diese Art der »Versicherung« gar nicht erst erfinden musste. Es gibt sie als Standardprodukt bei fast allen Leasingverträgen weltweit. Die Leistung lag damit eigentlich nur in der besseren Vermarktung bereits vorhandener Produktoptionen. Das Modell war so erfolgreich, dass es von Hyundai über die Wirtschaftskrise hinaus fortgesetzt wurde, auch wenn anzunehmen ist, dass dies in einer Zeit geringerer wirtschaftlicher Unsicherheit einen weniger durchschlagenden Einfluss auf die Kaufentscheidung der Kunden haben dürfte.

Wie wichtig die Analyse des konkreten Entscheidungsprozesses jenseits der Betrachtung der motivationalen und kognitiven Ebene ist, zeigt auch das Beispiel eines B2B-Informationsdienstes deutlich: In einer Untersuchung konnten wir feststellen, dass die Preisbereitschaft der Abonnenten dieses Informationsdienstes sehr viel größer war als der aktuelle Preis. Es wären Preissteigerungen um fast 80 Prozent möglich gewesen, wären wir nur nach der individuellen Zahlungsbereitschaft der Entscheider gegangen. Gleichzeitig analysierten wir auch den gesamten Entscheidungsprozess. Dabei stellte sich heraus, dass mit einer derartigen Preiserhöhung die in vielen Unternehmen typische Budgetgrenze für Alleinentscheidungen überschritten worden wäre. Die Kaufentscheidung wäre mit dem höheren Preis also auf eine höhere Ebene verlagert worden. Dies hätte dramatische Folgen gehabt, denn dann wäre eine potenzielle Überversorgung deutlich zutage getreten, was unweigerlich zu massiven Kündigungsquoten geführt hätte. Der höhere Abonnementpreis allein hätte wahrscheinlich auch eine Ebene höher nicht zu Problemen geführt. Doch dem Manager auf dieser Ebene wäre unweigerlich aufgefallen, dass derselbe Dienst von einer ganzen Reihe seiner Mitarbeiter abonniert wurde, obwohl er auch gut hätte teilen werden können. Die empfohlene Preiserhöhung orientierte sich deshalb weniger an der direkten Preisbereitschaft des eigentlichen Entscheiders, sondern an den Budgetgrenzen und damit am Entscheidungsprozess im Unternehmen.

Gerade im B2B-Bereich, wo oftmals mehrere Entscheider an einer Entscheidung beteiligt sind, ist es besonders wichtig, den kompletten Entscheidungsprozess mit all seinen Rahmenbedingungen zu verstehen. Entscheidungsprozesse in Unternehmen, in denen üblicherweise mit Budgets gearbeitet wird und die Entscheidungsbefugnis auf mehrere Personen verteilt ist, sind häufig im Ergebnis noch weniger rational nachvollziehbar als Entscheidungen von einer Einzelperson. Der Mythos vom rationalen B2B-Entscheider zerfällt dann oft genauso schnell zu Staub wie der vom rationalen Konsumenten.

3.3 Segment-Perspektive: Die GRIPS-Typologie

In den vorangegangenen Kapiteln haben wir den Einfluss von Image, Motivation, Interesse, Wissen und Bewertung auf das Kaufverhalten untersucht. Da jeder dieser Punkte in einer Vielzahl von Ausprägungen vorliegen kann, müsste sich theoretisch eine sehr große, wenn nicht gar unendliche Vielfalt an verschiedenen Kaufentscheidungsmustern ergeben. Wenn man die Entscheidungen von Menschen mithilfe der dargestellten Toolbox empirisch erforscht, stellt sich jedoch heraus, dass es in der Realität nur fünf Entscheider oder Entscheidungstypen gibt, die in unterschiedlicher Verteilung in allen Branchen und Länder zu finden sind. Nachfolgend wollen wir diese fünf Typen vorstellen, die sich jeweils durch ein gänzlich anderes Entscheidungsverhalten auszeichnen. Wir nennen sie nach der Studie die »GRIPS-Typen« (siehe Abbildung 3.11).

Hat Spaß am Suchen und Vergleichen und liebt Rabatte, Geschenke und Zugaben	Vorsichtiger Kunde, der Angst hat, übervorteilt zu werden	Lässt sich von den Produkten begeistern und gibt häufig mehr aus als ursprünglich geplant	Treuer Kunde mit viel Vertrauen in Marke und Produkt	Produkt- und Preisvergleiche interessieren ihn nicht, Low-Involvement-Kunde

Abbildung 3.11: Übersicht der GRIPS-Typen

Der Schnäppchenjäger

Der Schnäppchenjäger interessiert sich vor allem für Rabatte, Aktionsangebote, Sondertarife, Mengenrabatte oder Prämien, die er sich mit dem Kauf verdient. Er vergleicht intensiv und gern. Er will ein smarter Konsument sein, der schlauer einkauft als andere. Er sieht in der Auseinandersetzung mit dem Anbieter eher einen selbstwertrelevanten Wettbewerb, den er unbedingt für sich entscheiden will. Nicht selten hat man den Eindruck, dass Schnäppchenjäger »wegen« des Preises kaufen, während alle anderen Konsumententypen »trotz« des Preises kaufen. So kann es sogar vorkommen, dass er Produkte kauft, die er eigentlich gar nicht braucht, aber zuschlägt, weil sie so günstig sind. Dabei ist er nicht auf bestimmte Preislagen festgelegt. Er kauft auch teurere Produkte, solange sie günstiger sind als üblich.

Unter den Schnäppchenjägern gibt es Menschen, die aufgrund ihres sehr geringen Einkommens keine anderen Möglichkeiten haben. Häufig sind sie arbeitslos und können daher viel Zeit in Preisvergleiche und Schnäppchensuche stecken. Die überwiegende Mehrheit der Schnäppchenjäger tut dies jedoch, weil sie Spaß daran hat. Am wohlsten fühlen sie sich auf einem arabischen Bazar, wo sie ihr Wunschprodukt – oder irgendein Produkt – in zähen Verhandlungen noch ein bisschen billiger bekommen.

Der Schnäppchenjäger hat in der Regel ein hohes Interesse an dem Produkt und ist auch gut informiert über alle Neuerungen und Produkt-Features, weshalb er auch gerne von anderen GRIPS-Typen um Rat gefragt wird. Er kann auch ein loyaler und langjähriger Kunde sein, solange er immer wieder ein besonderes Angebot bekommt.

Im B2B-Bereich ist der Schnäppchenjäger vor allem im Einkauf zu finden, der für Rabatte incentiviert wird und dabei manchmal den tatsächlichen Preis, die Qualität oder die Total Costs of Ownership außer Acht lässt.

Der Verlustaversive

Der Verlustaversive ist ein vorsichtiger Konsument, er ist besonders aufmerksam und kritisch. Er interessiert sich nicht besonders für das Produkt und bevorzugt die persönliche Beratung. Gerne holt er auch den Rat anderer ein und bevorzugt hierbei Schnäppchenjäger, da diese ein hohes Produktwissen haben.

Während der Schnäppchenjäger in jedem Kauf die Chance sieht, nachher besser dazustehen, betont der Verlustaversive vor allem das Risiko, mit der falschen Entscheidung einen gravierenden Fehler zu machen. Er kennt sich im jeweiligen Markt oft wenig aus oder ist frustriert von den eigenen Versuchen, das günstigste Angebot zu finden, sodass seine Entscheidungsstrategie mit der Zeit defensiv wird. Verlustaversive wollen um jeden Preis vermeiden, auf ein vermeintliches Schnäppchen hereinzufallen, bei dem sie am Ende doch über den Tisch gezogen werden. Deshalb achten sie neben dem tatsächlichen Preis auch auf andere vertrauenerweckende Faktoren wie etwa transparente Preisstrukturen

107

oder auch Preisgarantien, die Meinung anderer Kunden oder auf das Image eines Anbieters.

Anders als der Schnäppchenjäger hasst der Verlustaversive Preisvergleiche und macht sie nur aus dem gefühlten Zwang, sonst einen Fehler zu begehen. Er hat weder Spaß am Vergleichen noch hält er Schnäppchen für realistisch. Die Vielfalt von Produktvarianten ist für ihn schnell unübersichtlich und er befürchtet, mit allzu neuen und innovativen Produkten, die mehr versprechen als sie halten, auf die Nase zu fallen. Lockangeboten gegenüber ist er genauso misstrauisch wie automatischen Vertragsverlängerungen und dem Kleingedruckten.

Die Implikationen für sein Entscheidungsverhalten sind weitreichend: Zwar achtet der Verlustaversive bewusst auf den Preis, aber jede Betonung, der Günstigste zu sein, würde bei ihm eher Zweifel als Begeisterung hervorrufen. Oft wird sein Interesse am Preis als Preissensitivität missverstanden. Dabei ist seine Zahlungsbereitschaft nicht zu unterschätzen, wenn man ihn richtig »abholt«.

Auch im B2B-Bereich sind Verlustaversive häufig zu treffen. Sie stehen für den unsicheren oder unerfahrenen Entscheider, der sich am Ende sagt: »No one ever got fired for buying IBM.«

Der Preisbereite

Der Preisbereite hat zwar eine grundsätzliche Preisvorstellung, ist aber gegenüber Qualitäts-, Marken- und Imageaspekten sehr aufgeschlossen, wenn sie ihm plausibel verkauft werden. Er ist stets offen für neue Angebote, Innovationen und Optionen. Er vergleicht gerne, wobei es ihm dabei weniger um den Preis, sondern vielmehr um das Produkt geht. Gefällt ihm ein Produkt oder bestimmte Features, gibt er gerne auch einmal deutlich mehr Geld aus, als er ursprünglich geplant hatte. Wenn er einen höheren Mehrwert sieht, ist er immer bereit, mehr zu bezahlen als vorgesehen. Er will sich etwas gönnen und hat Spaß am shoppen.

Stellt man sich einen Autokäufer vor, der eine Premium-Marke kaufen will, mag er anfangs wohl ein Budget haben, oft wird dieses aber am Ende deutlich überschritten, weil »das Navi so schick« und »das Leder so weich« war – und »schließlich muss man ja auch an den Wiederverkaufswert« denken. Im Laufe des Entscheidungsprozesses ist der dynamische Preisbereite so leicht davon zu überzeugen, sein geplantes Budget zu überschreiten.

Dieser Entscheidertyp ist der Einzige, der regelmäßig sein ursprüngliches Budget angesichts attraktiverer Produktmerkmale überschreitet. Diese Konsumenten gehen in der jeweiligen Produktkategorie sehr viel aufgeschlossener und interessierter an eine Kaufentscheidung heran und sehen darin eher eine Chance, eine bessere Wahl zu treffen, während die Verlustaversiven eher eine Gefahr sehen, die sie meistern müssen. Allerdings stellt der Preisbereite auch besondere Ansprüche an das Produkt und die Leistungsmerkmale des Service, denn er will nicht nach Schema F, sondern individuell und kompetent beraten werden.

Im B2B-Bereich ist der Preisbereite häufig ein erfahrener Entscheider, der genau weiß, auf welche Qualitätsdimension er achten muss und sich hier relativ kompromisslos zeigt: »Die Qualität bestimmter Bauteile bestimmt die Qualität des Produkts insgesamt, deshalb sind meine Ansprüche hier hoch.«

Der Gewohnheitskäufer

Wieder eine ganz andere Rolle spielen Preis und Leistung für den Gewohnheitskäufer: Er ist weder sonderlich an Rabatten noch an intensiven Preisverhandlungen oder an langwierigen Entscheidungen interessiert. Er verlässt sich auf das Qualitätsversprechen seines favorisierten Anbieters. Statt mit viel Energie verschiedene Anbieter zu vergleichen, ist er besonders markentreu und achtet lieber auf andere Aspekte, wie etwa Sympathie oder vermutete Zuverlässigkeit, die er aus der Marke, dem Image oder aus den bisherigen Erfahrungen mit dem Anbieter ableitet. Der Gewohnheitskäufer ist treuer Stammkunde, der ohne lange zu überlegen immer wieder zur gleichen Waschmittelmarke greift, solange er damit ausreichend gute Erfahrungen macht. Preise werden weder am Regal noch an der Kasse beachtet. Sollte dem Gewohnheitskäufer der Preis doch einmal auffallen und zu hoch erscheinen – dann kauft er eine kleinere Packung der gleichen Marke. Der Gewohnheitskäufer sucht Konstanz. Viele Zeitungsabonnenten zählen beispielsweise zu diesem Typ. Sie sind ihrer Zeitung treu, die integraler Teil ihres Tagesablaufs ist. Eine andere Zeitung kommt für sie kaum infrage. Objektive Preis- oder Qualitätsunterschiede interessieren dabei wenig. Eine eigentliche Kaufentscheidung findet nicht mehr statt.

Obwohl er sich nur wenig mit Produkten und Preisen auskennt und dafür auch nicht viel Energie aufwenden will, denkt der Gewohnheitskäufer, dass Qualität ihren Preis hat. Dieser Konsumententyp wird mit preisbezogenen Werbekampagnen nicht erreicht. Damit schreckt man ihn eher ab oder erzieht ihn im schlimmsten Fall zum Schnäppchenjäger. Viele Branchen unterschätzen dieses Risiko, indem sie dort getreu dem Motto »Viel hilft viel« mit immer höheren Rabatten um sich werfen, ohne die langfristigen Kosten dieser Strategie zu bedenken, die auch darin bestehen, dass der Anteil der Gewohnheitskäufer zurückgeht und der Preis für eine größere Zahl von Käufern eine hohe Bedeutung bekommt.

Im B2B-Bereich wird der Gewohnheitskäufer vor allem durch Situationen gefördert, bei denen Bezahler und Entscheider nicht dieselbe Person sind. In Fachabteilungen sitzen typische Gewohnheitskäufer und möchten beispielsweise am liebsten immer mit dem gleichen, seit Jahren bekannten Dienstleister zusammenarbeiten, während der Einkauf als Schnäppchenjäger am liebsten jedes Projekt neu ausschreiben würde.

Der Gleichgültige

Der Gleichgültige betrachtet das Thema Kaufentscheidung sehr nüchtern. Er sieht weder die Gefahr, über den Tisch gezogen zu werden, noch ist es aus seiner Sicht ein besonders erstrebenswertes Ziel, durch intensive Preisvergleiche ein Schnäppchen zu machen. Das liegt vor allem daran, dass sich dieser Typ oft selbst in der jeweiligen Produktkategorie als ausreichend informiert sieht und bereits weiß, was er will und was es ihm wert ist.

Der Gleichgültige zeigt keinerlei Interesse an Preisen und Preisvergleichen. Auch das Produkt ist für ihn lediglich Mittel zum Zweck. Ein aktuelles Bedürfnis muss einfach gestillt werden. Den Einkauf erledigt er ohne Emotionen und meist ohne zu wissen, wie viel das gewählte Produkt kostet. Der Gleichgültige sucht einfach nur ein Produkt, das ein Problem für ihn lösen kann, ohne sich sonderlich für Marken oder Produkte begeistern zu können. Hat er beispielsweise abends Heißhunger auf Chips, ist er in dieser Situation kaum interessiert an Preisen und selten an Marken. Er geht zur nächsten Tankstelle, greift zu, zahlt, geht und isst.

Im B2B-Bereich ist der Gleichgültige der typische User-Chooser, der wenig budgetrelevante Dinge, wie beispielsweise Büromaterial, spontan und ohne tiefergehende Recherche kauft und den Anbieter eher auf Basis einfacher Bestellprozesse auswählt.

Einordnung und Benchmarks zur GRIPS-Typologie

Die Studie zeigt zunächst, dass im realen Leben niemand wie ein Homo oeconomicus entscheidet. Sie zeigt aber auch, dass es nicht nur ein Alternativmodell zum Homo oeconomicus gibt, sondern sogar fünf verschiedene typische Entscheidungsmodelle, die wir empirisch identifizieren konnten. Nun haben Sie sich vielleicht schon gefragt, welcher Entscheidertyp Sie selbst sind. Konnten Sie sich zuordnen? Wahrscheinlich nicht so richtig. Mal passt nämlich die eine Kategorie besser, mal eine andere. Und damit liegen Sie genau richtig, denn das sind auch die Ergebnisse unserer weltweiten Studie.

Menschen lassen sich nicht fixen Kategorien zuordnen, sondern ein und dieselbe Person verhält sich je nach Situation und Produkt unterschiedlich. Kehrt die gleiche Entscheidungssituation jedoch wieder, ist das Entscheidungsverhalten der Person stabil und damit vorhersagbar. Ist diese Person deshalb irrational oder hybrid? Überhaupt nicht. Sie verhält sich zwar nicht nach dem Modell des Homo oeconomicus, aber psychologisch völlig nachvollziehbar: Sie verwendet für unterschiedliche Arten von Entscheidungen unterschiedliche Entscheidungsprozesse. Denn es ist einfach sinnvoll, für eine Immobilienfinanzierung über eine halbe Million einen anderen Entscheidungsprozess anzuwenden als für den Kauf eines Küchenschwamms.

Hat ein Befragter in unserer weltweiten Studie zu zwei Produktkategorien geantwortet, so liegt der Anteil derer, die in beiden Kategorien dem gleichen Konsumententyp zuzuschreiben sind, bei nur 29 Prozent, im Falle von drei Produktkategorien sogar bei nur 13 Prozent. Die GRIPS-Typologie ist also keine Klassifizierung, nach der ein bestimmter Konsument stabil einem bestimmten Typ zugeordnet werden kann. Daher kann es auch keine Korrelation mit soziodemografischen Merkmalen wie Alter, Geschlecht oder Einkommen geben, weil ein und dieselbe Person in unterschiedlichen Entscheidungssituationen anders entscheidet. Wichtig ist nur, dass sich Personen bei dem gleichen Produkt und Vertriebskanal mittelfristig immer wieder gleich verhalten.

Die fünf GRIPS-Typen sind universell gültig – in jedem Land und jeder Branche – nur eben mit völlig unterschiedlichen Verteilungen.

Wie Abbildung 3.12 zeigt, sind beim Automobilkauf primär Schnäppchenjäger unterwegs. Im Bereich Mobilfunk hingegen gibt es einen erheblichen Anteil an Verlustaversiven und Gewohnheitskäufern. Der Zeitschriftenmarkt wiederum teilt sich vor allem zwischen Preisbereiten und Gleichgültigen auf.

	Schnäppchen-jäger	Preis-bereite	Verlust-aversive	Gewohnheits-käufer	Gleich-gültige
Auto	52 %	20 %	13 %	11 %	4 %
Mobilfunk	36 %	7 %	42 %	11 %	4 %
Zeitschriften	10 %	38 %	2 %	15 %	35 %
Apotheken	19 %	13 %	14 %	42 %	12 %
Versicherung	20 %	11 %	43 %	14 %	12 %

Abbildung 3.12: Häufigkeit von GRIPS-Typen in verschiedenen Branchen (Deutschland)

Je nach Produkt ist also die Häufigkeit der Konsumententypen sehr unterschiedlich. Angesichts der Tarifvielfalt im Mobilfunk überrascht es beispielweise nicht, dass hier der Verlustaversive dominiert, der aufgegeben hat, den Tarifdschungel durchschauen zu wollen, während beim Kauf eines Pkw Schnäppchenjäger am häufigsten vertreten sind. Denn in diesem Markt fängt die Rabattschlacht schon in der Werbung an und setzt sich im Autohaus – oft ungefragt – fort. Die stark unterschiedliche Verteilung zeigt, wie wichtig es ist, die GRIPS-Typen in der eigenen Branche beziehungsweise für die eigene Marke zu kennen, denn auch innerhalb einer Branche können die Markenunterschiede enorm sein. So hat jede Marke ihr eigenes GRIPS-Profil. Das wird in Abbildung 3.13 deutlich, welche die GRIPS-Verteilungen für die Anbieter in einem europäischen Mobilfunkmarkt darstellt. Allein auf Basis der GRIPS-Verteilung kann man erschließen, wer hier der Innovationsführer und wer der Rabattkönig ist. Und damit wird auch deutlich, dass ein Anbieter nicht in gleicher Weise von allen anderen Anbieter bedroht wird, sondern sich Subsegmente identifizieren lassen, in denen Kundenwanderungen sehr viel wahrscheinlicher sind.

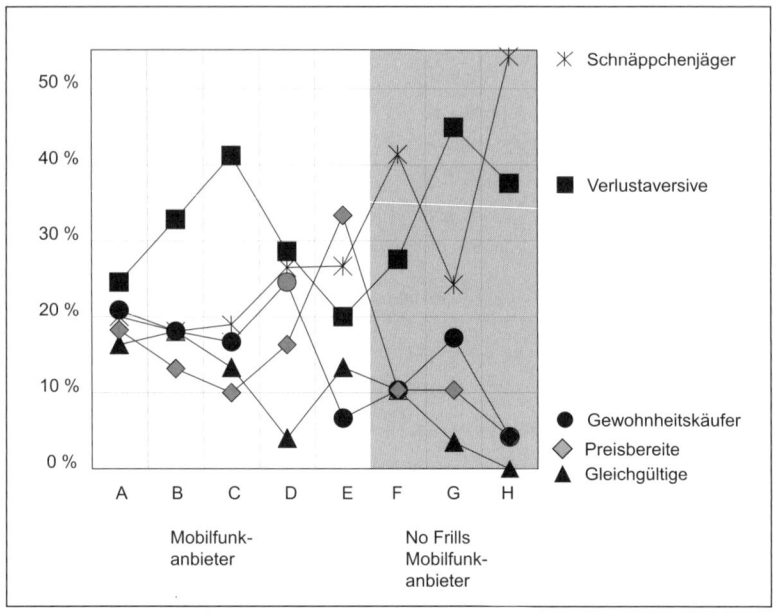

Abbildung 3.13: Verteilung der GRIPS-Typen bei unterschiedlichen Mobilfunkanbietern

Je nach der Positionierung des eigenen Unternehmens ist die Aufteilung der GRIPS-Typen also eine Konsequenz aus Positionierung und Strategie: Wenn eine neu eröffnete Bank mit sehr hohen Zinsen für die Eröffnung eines Tagesgeldkontos wirbt, dann werden sich primär Schnäppchenjäger dadurch verleiten lassen, dort ein Konto zu eröffnen. So wird dann auf dem Papier die Anzahl der Kunden stark nach oben getrieben. Natürlich sind die Schnäppchenjäger auch genauso schnell wieder weg, wenn die Zinsen nach der garantierten Frist von beispielsweise sechs Monaten auf ein marktübliches Niveau sinken.

GRIPS lässt damit weit verbreitete Praktiken in einem anderen Licht erscheinen: So betonen Unternehmen gerne mit großem Mitteleinsatz und mitunter recht aggressiv, wie günstig sie seien. Für die meisten Kundentypen ist das in vielen Produktkategorien die falsche Ansprache, das Preisthema ist für einige Konsumententypen regelrecht unangenehm und abschreckend. Sieht man, wie präsent die Preiskommunikation in vielen Branchen ist, muss man sich fragen, ob hier nicht mit hohen Kosten kontraproduktiv vorgegangen wird.

Normalerweise ist die Entscheidungstypologie einer einzelnen Person für ein bestimmtes Produkt in einer bestimmten Situation im Zeitablauf stabil. Wer heute großen Wert darauf legt, sein Benzin möglichst billig zu kaufen, wird dies auch nächstes Jahr noch tun. Wenn allerdings mit massiven Werbebudgets in den Markt eingegriffen wird, können Menschen ihren Entscheidungsprozess ändern und dann nach einem anderen GRIPS-Typ entscheiden. Durch das Auftauchen von Discountanbietern können sich beispielsweise die Entscheidungsstrukturen der Kunden mittelfristig verändern. Dadurch verschiebt sich in der Regel die Kundenstruktur zu mehr Schnäppchenjägern und Verlustaversiven, für die der Preis die höchste Bedeutung hat. Mittelfristig kann das Verhalten der Unternehmen im Markt also sehr wohl die Verteilung der GRIPS-Typen in diesem Markt beeinflussen.

Weit verbreitet ist in manchen Branchen auch die Überzeugung, dass Produkte, Preise und Marketingkampagnen international stärker angeglichen werden müssen. Diese Überzeugung besteht nicht nur, weil der länderübergreifende Preisvergleich inzwischen sehr einfach geworden ist, sondern weil allen Konsumenten in anderen Ländern primär das Motiv unterstellt wird, möglichst wenig bezahlen zu wollen. Auch hier zeichnet GRIPS ein differenzierteres Bild: Die Verteilung der Konsumententypen in der gleichen Produktkategorie ist von Land zu Land sehr unterschiedlich. Eine international einheitliche Marketingstrategie mag da nicht der richtige Ansatz sein. Wie Abbildung 3.14 beispielhaft zeigt, unterscheidet sich die Verteilung der GRIPS-Typen bei Flugbuchungen von Land zu Land erheblich. Während in Deutschland nur 19 Prozent des Marktes aus Schnäppchenjägern bestehen, stellen diese in Portugal 56 Prozent des Marktes. Hier als Fluggesellschaft europaweit die gleiche Kommunikations- und Preisstrategie durchzuziehen, heißt einfach nur, große Gewinnpotenziale zu verschenken und einen erheblichen Teil der Kunden falsch anzusprechen.

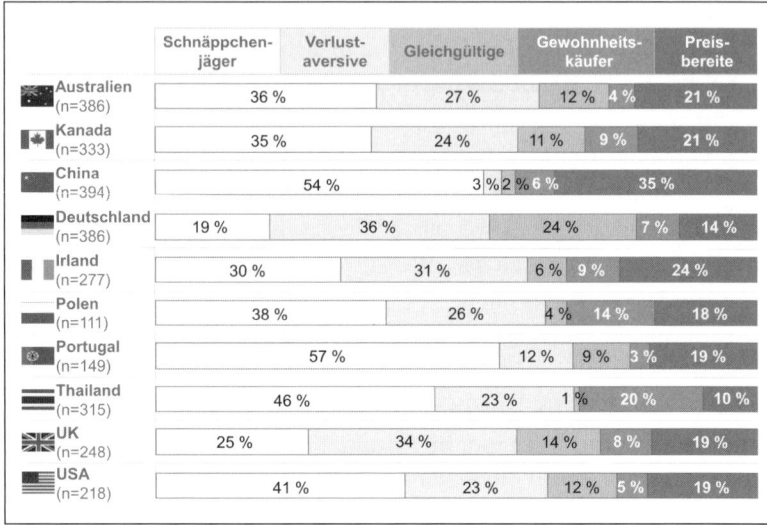

Abbildung 3.14: Verteilung der GRIPS-Typen in verschiedenen Ländern bei Flugbuchungen

Der Vorteil der GRIPS-Typologie liegt darin, dass sie genau das segmentiert, was für die Unternehmen am wichtigsten ist: den Kaufentscheidungsprozess. Anders als Segmentierungen, die auf Soziodemografie, Werte, Milieus oder Ähnlichem aufsetzen, werden hier Kunden nach dem Ereignis eingeteilt, das jedes Unternehmen direkt beeinflussen will. Deshalb hat die GRIPS-Segmentierung gegenüber anderen Segmentierungsansätzen drei entscheidende Vorteile:

1. Ansatzpunkt: Da sie genau danach segmentiert, was beeinflusst werden soll, nämlich den Kaufentscheidungsprozess, lassen sich aus der Kenntnis der Verteilung der GRIPS-Typen bei den eigenen Kunden direkt konkrete Handlungsempfehlungen ableiten. So können direkt umsetzbare Maßnahmen für alle Bereiche des Unternehmens, von der Produktentwicklung über Werbung und Vertrieb bis hin zum Kundendienst entwickelt werden.

2. Verständlichkeit: Die GRIPS-Typen haben den Vorteil, dass sie von den Mitarbeitern im Unternehmen schnell intuitiv verstanden werden. Dies ist eine sehr wichtige Erfolgsvoraussetzung, denn nur wenn die Segmentierung dem ganzen Konzern verständlich ist, kann sie überall umgesetzt werden. Eine Segmentierung, die nur einer Unterabteilung des Marketings klar ist, lässt sich nur schwer unternehmensweit in strategische Maßnahmen umsetzen.

3. Umsetzung: Für die Erhebung der GRIPS-Typen braucht man keinen komplexen Fragebogen; geschultes Verkaufspersonal kann die GRIPS-Typen im persönlichen Gespräch direkt in sehr kurzer Zeit erkennen. Der Verkäufer reagiert dementsprechend unterschiedlich, je nachdem ob er einen Schnäppchenjäger oder einen Gewohnheitskäufer vor sich hat. Dies ist eine wichtige Voraussetzung für die Umsetzung der Maßnahmen, denn es geht schließlich darum, genau diesen Kunden, der gerade vor einem steht, entsprechend seines Entscheidungsverhaltens richtig zu behandeln. Da bringt es wenig, wenn man die Segmentierung nur mit einem dreiseitigen Fragebogen erheben kann.

In Kapitel 4 werden wir die Toolbox und die eben genannten Punkte anhand konkreter Praxisbeispiele illustrieren. Davor möchten wir jedoch noch einen kleinen Exkurs in die B2B-Welt machen. In den vorangegangenen Abschnitten haben wir stets darauf verwiesen, dass das Gesagte auch im Geschäftskundenbereich gilt. Auch hier ist der Homo oeconomicus so gut wie nie anzutreffen, sondern es finden sich die fünf genannten GRIPS-Typen bei den Entscheidern. Da im B2B-Bereich jedoch typischerweise eine Entscheidung nicht von einer Person allein, sondern von einer Gruppe von Personen getroffen oder beeinflusst wird, die jeweils nach unterschiedlichen GRIPS-Typen entscheiden, wird der Entscheidungsprozess noch einmal deutlich komplexer und es lohnt sich, diesen etwas genauer zu betrachten.

3.4 Exkurs: Kaufentscheidungen im B2B-Bereich

Unternehmen, deren Kunden nicht Privatpersonen, sondern andere Unternehmen sind, haben natürlich ebenfalls großes Interesse daran, deren Entscheidungsprozess zu beeinflussen. Tatsache ist aber, dass der Entscheidungsprozess eines Unternehmens deutlich schwieriger zu verstehen ist als der einer Einzelperson. Im ersten Moment möchte man meinen, dass womöglich nur Privatpersonen irrationales Kaufverhalten an den Tag legen, nicht jedoch Entscheider in Unternehmen, die für optimale Entscheidungen bezahlt werden. Tatsächlich ist das rationale Verhalten des Homo oeconomicus aber in Unternehmen noch seltener anzutreffen als bei Privatpersonen. Dafür gibt es vor allem drei Gründe:

1. Verschiedene Rollen: Zunächst entscheiden im Unternehmen nur Menschen und nicht Maschinen. Diese Menschen unterliegen den gleichen psychologischen Phänomenen und GRIPS-Typen wie Privatpersonen. Hinzu kommt allerdings, dass der Entscheider neben seinen persönlichen Interessen bei der Entscheidung auch die Interessen seines Arbeitgebers berücksichtigen muss.

2. Gruppenentscheidungen: Entscheidungen in Unternehmen werden in der Regel von mehreren Personen gemeinsam getroffen, die schon allein aufgrund ihrer Aufgabe im Unternehmen ganz unterschiedliche Interessen haben. Zudem verkörpern sie verschiedene GRIPS-Typen und müssen dennoch ein gemeinsames Ergebnis finden.

3. Strukturen: Schließlich liegen in Unternehmen zahlreiche Strukturen vor, die rationale Kaufentscheidungen wenig wahrscheinlich machen. Dazu gehört beispielsweise das Arbeiten mit Jahresbudgets oder die Incentivierung von verhandelten Rabatten.

Im Ergebnis ergibt sich ein Entscheidungsprozess, der noch erheblich weiter von einem Homo oeconomicus entfernt ist, als dies bei Einzelentscheidungen von Privatpersonen ohnehin schon der Fall ist.

Nehmen wir an, in der Grafikabteilung einer großen Werbeagentur sollen neue, schnellere Computer angeschafft werden, um die Effizienz zu steigern. An diesem Endscheidungsprozess können je nach Unternehmenskultur und Organisationsstruktur ganz unterschiedliche Personen beteiligt und/oder davon betroffen sein. Zunächst gibt es den Nutzer, also der Anwender oder Endkunde der geplanten Neuanschaffung. Dann gibt es den Einkäufer, der zuständig ist für das Einholen und Beurteilen von Angeboten für die neuen Computer. Der Einkauf besitzt auch die Fachkenntnisse über die rechtlichen Rahmenbedingungen und ist in den meisten Unternehmen der formale Vertragspartner. Des Weiteren gibt es die Rolle des Beeinflussers. Das kann in diesem Fall beispielsweise ein Mitarbeiter der EDV sein, der die technischen Anforderungen an die neuen Rechner spezifiziert hat. Er besitzt die Fachkompetenz und setzt die Standards für das, was angeschafft werden soll. Dann gibt es den Entscheider. Das ist in der Regel die Person, die das Budget für die Anschaffung freigeben muss. In diesem Fall könnte dies beispielsweise der Leiter der Grafikabteilung sein.

Je nach Entscheidungsprozess sind noch weitere Rollen denkbar. Beispielsweise kann es sein, dass diese Abteilung als erste mit neuen Computern ausgestattet wird, aber die anderen Abteilungen mit identischen Modellen folgen sollen. Dann werden natürlich auch die übrigen Abteilungsleiter bei der Auswahl ein Wörtchen mitreden wollen. Häufig gibt es zudem einen Initiator für die Entscheidung. Das könnte in diesem Fall beispielsweise eine interne Unternehmensberatung sein, die Ineffizienzen festgestellt und den Prozess daher angestoßen hat. Manchmal mischt auch noch das Controlling mit, dem ebenfalls eine gewisse Entscheidungsbefugnis oder zumindest ein Veto-Recht zusteht. Denkbar ist darüber hinaus die Rolle eines Gatekeepers, der die Informationen erst einmal sammelt und selektiert und so den Informationsfluss kontrolliert.

Das sind bei Weitem noch nicht alle Rollen, die in einem B2B-Kaufentscheidungsprozess mitspielen können. Neben der Tatsache, dass die genannten Personen ohnehin wahrscheinlich in Bezug auf den Kauf eines Computers unterschiedlichen GRIPS-Typen angehören, kommt noch dazu, dass sie aufgrund ihrer Aufgabe im Unternehmen ganz unterschiedliche Interessen an der Entscheidung haben: Ein Nutzer möchte neben einem schnellen Rechner vor allem einen möglichst großen und entspiegelten Bildschirm. Einem anderen sind eine bestimmte Tastatur und eine schnurlose Maus wichtiger. Die EDV-Abteilung interessiert sich vor allem für einfache Wartbarkeit und geringen Installationsaufwand. Der Einkäufer will möglichst hohe Rabatte heraushandeln; wie die Rechner genau konfiguriert sind, ist ihm ziemlich egal. Die Abteilungsleiter haben ebenfalls unterschiedliche Interessen. Der Leiter der Grafikabteilung will vor allem möglichst schnelle Rechner, der Preis spielt keine Rolle. Die Leiter der anderen Abteilungen denken eher an das verfügbare Budget und möchten lieber möglichst günstige Rechner, weil ihnen die Rechnerleistung nicht so wichtig ist. Die EDV will hingegen im ganzen Unternehmen einheitliche Systeme.

Je nach der Persönlichkeit des Einzelnen und der Unternehmenskultur haben die an der Entscheidung Beteiligten ganz verschiedene Möglichkeiten, zu einem Ergebnis zu kommen. Sie können beispielsweise miteinander kämpfen und versuchen, die eigenen Ziele gegen die der anderen durchzusetzen. Sie können sich arrangieren und die eigenen Ziele denen der anderen unterordnen. Sie können einen Kompromiss suchen, bei dem alle Beteiligten auf einen Teil ihrer Ziele verzichten. Sie können alle auf ihrem Standpunkt beharren, sodass gar keine Entscheidung getroffen werden kann. Sie können den Konflikt komplett vermeiden, was ebenfalls in der Regel zu einer Aufschiebung der Entscheidung führt. Oder sie können zusammenarbeiten und versuchen, sowohl die eigenen Ziele als auch die Ziele der anderen zu erreichen.

Auch wenn die Zusammenarbeit natürlich die Idealvorstellung ist, entspricht sie keineswegs immer der Realität. Verschiedene Beteiligte werden im Entscheidungsprozess ganz unterschiedliche Strategien verwenden und so versuchen, das Ergebnis zu beeinflussen. Neben den unterschiedlichen Strategien muss bei einer Analyse des Entscheidungsprozesses auch erfasst werden, welche Entscheidungskriterien für die verschiedenen Rollen wichtig sind und in wieweit welche Rolle an welcher Phase der Entscheidung beteiligt ist.

Wir müssen verstehen, welche Hauptziele die einzelnen Rollen verfolgen, inwiefern welche Rolle an welcher Phase des Entscheidungsprozesses beteiligt ist und wie die Hierarchiestruktur zwischen den Rollen aussieht. Schließlich müssen wir verstehen, inwiefern die Ziele der einzelnen Rollen vereinbar sind, wie die Beteiligten sich in Konfliktsituationen verhalten und wer schließlich für welche Phase des Entscheidungsprozesses der richtige Ansprechpartner ist. Die Strategien zur Beeinflussung des Entscheidungsprozesses können hier dementsprechend sehr unterschiedlich sein.

Zu dem Problem, dass Entscheidungen in Unternehmen von verschiedenen Personen getroffen werden, die ganz unterschiedliche Motive, Interessen und Entscheidungsprozesse haben, kommt noch hinzu, dass bestimmte Prozesse und Strukturen die Entscheidung beeinflussen. Die meisten mittleren und großen Unternehmen arbeiten beispielsweise mit Budgets für verschiedene Abteilungen und Bereiche, die in der Regel mit einer Einkaufsnummer beauftragt und freigegeben werden müssen. Dieses Budget darf nicht überschritten werden und verfällt, wenn es nicht vollständig verbraucht wird. Budgetverantwortung kombiniert mit Verlustaversion führt in der Regel dazu, dass faktisch unvorteilhafte Preismodelle bevorzugt werden.

Häufig kann es beispielsweise sinnvoll sein, ein »Pay-as-you-order«-Preismodell zu buchen. Hier handelt es sich um eine variable, leistungsabhängige Abrechnung, die transparent ist, weil alle Kostenpositionen separat aufgeführt werden, und die zudem fair ist, weil die ökonomischen Risiken für beide Seiten klar definiert sind. Vor die Wahl gestellt, entscheiden sich jedoch 71 Prozent der Unternehmen für ein »Paketmodell«. Hier wird die Leistung pauschal bezahlt, unabhängig davon, ob und wie viel sie genutzt wird. Wird die Leistung gar nicht abgerufen, verfällt der bezahlte Preis. Faktisch wird damit in der Regel ein zu hoher Preis für die Leistung bezahlt, weil der Lieferant bei einem Pauschalpreis alle Eventualitäten einkalkulieren muss und somit in der Regel einen deutlich höheren Preis verlangen wird als bei einem Pay-as-you-order-Modell.

Warum entscheidet sich nur die Minderheit der Unternehmen (29 Prozent) für das kostengünstigere Modell? Der Vorteil von Leistungspaketen für den Verantwortlichen im Unternehmen besteht darin, dass alles genau kalkulierbar ist und am Ende des Jahres keine Überraschungen wie Budgetüber- oder -unterschreitungen lauern. Außerdem muss nur einmal in der Einkaufsabteilung eine Einkaufsnummer mit einem festen Betrag beantragt werden. So kann das Jahresbudget klar aufgeteilt und punktgenau bis auf den letzten Cent verbraucht werden.

Besonders offensichtlich wird die Förderung irrationaler Entscheidungen bei Incentivierungsmodellen in der Einkaufsabteilung. In vielen Unternehmen erhält der Einkäufer eine variable Gehaltskomponente, die sich nach der Höhe der Einsparungen richtet, die er bei seinen Verhandlungen erzielt hat. Dies führt dazu, dass der Einkäufer quasi per Arbeitsvertrag zum klassischen Schnäppchenjäger gemacht wird, der sich nicht für den absoluten Preis interessiert oder gar um die Nutzungskosten in den Folgejahren (Total Cost of Ownership) kümmert, sondern lediglich dem höchsten Rabatt hinterherjagt, um seinen eigenen Nutzen zu maximieren.

Ein weiteres Problem der Budgetverantwortung wird am Ende des jeweiligen Geschäftsjahrs deutlich, wenn der Verantwortliche das verbleibende Budget – häufig unter Zeitdruck – restlos ausschöpfen will. Die Diskussion mit dem Lieferanten dreht sich kurz vor Jahresende häufig nicht mehr darum, was die Leistung kostet oder ob sie überhaupt benötigt wird. Das wichtigste »Produkt-Feature« ist dann, ob die Rechnungsstellung mit einem Leistungserbringungsdatum im laufenden Kalenderjahr gestellt und damit noch auf das Jahresbudget angerechnet werden kann. Mit Preisrationalität haben diese Entscheidungen wenig zu tun. Sie eröffnen jedoch interessante Margenpotenziale für Lieferanten, die sich auf diese Bedürfnisse vorbereiten.

Wenn das eigene Budget am Jahresende verfällt, ist es subjektiv rational, dieses Geld noch auszugeben, egal wofür und zu welchem Preis. Auch der Fokus des Einkäufers auf einen hohen Rabatt ist subjektiv rational, da sich dadurch sein persönlicher Bonus erhöht. Diese Kaufentscheidungen sind jedoch mit dem Modell des Homo oeconomicus in der Regel nicht zu erklären. Wer also im B2B-Markt Preiskämpfe vermeiden und optimale Margen erzielen will, muss nicht nur die psychologischen Faktoren, sondern vor allem auch die strukturellen und organisatorischen Rahmenbedingungen des Entscheidungsprozesses seines Kunden genau kennen.

Aus diesen komplexen Entscheidungsstrukturen ergeben sich einige Besonderheiten für die Erforschung des Entscheidungsprozesses im B2B-Bereich. B2B-Projekte sind häufig deutlich umfangreicher als die ohnehin schon komplexe B2C-Entscheidungsforschung, weil die Strukturen im Unternehmen und im Markt mit in das Erhebungsdesign und in die Ergebnisse einfließen müssen.

Die Basis von erfolgreicher Entscheidungsforschung ist wie immer das Verständnis des realen Entscheidungsprozesses. Im B2B-Bereich ist dazu häufig ein komplexeres Erhebungsdesign notwendig als bei Endkundenstudien. Denn die besondere Herausforderung im Rahmen der Befragung liegt nicht darin, 100 Einkäufer und 100 Fachverantwortliche zu befragen, sondern dabei jeweils einen Einkäufer und einen Fachverantwortlichen aus demselben Unternehmen zu befragen, weil sich nur so der interne Entscheidungsprozess abbilden lässt. Dadurch wird die Rekrutierung und Durchführung der Studie natürlich ungleich schwieriger, aber nur so lassen sich sinnvolle Ergebnisse ableiten, die auch die Strukturen und Prozesse im Unternehmen abbilden und Entscheidungsprozess-Segmente erkennen lassen.

Der Entscheidungsprozess muss fundamentaler, auf Basis einer Analyse der Marktstruktur angegangen werden, denn Wert und Preis ergeben sich auch aufgrund bestimmter Macht- und Marktstrukturen. Ein gutes Beispiel hierfür ist der Pharmamarkt, wo es keineswegs reicht, bei der Neueinführung eines Produkts lediglich die entsprechenden Fachärzte oder die Patienten zu befragen. Der optimale Preis kann hier nur gefunden werden, wenn das komplexe Zusammenspiel zwischen Arzt, Patient, Arzthelferin, Apotheker, Großhändler, Krankenversicherung, Staat und Pharmaunternehmen detailliert analysiert wird, die jeweils einen sehr unterschiedlichen Einfluss auf den Entscheidungsprozess haben.

In einer Studie für einen Hersteller von Blutzuckermessgeräten haben wir beispielsweise den Entscheidungsprozess für den Kauf des Geräts im Detail untersucht. Zunächst muss der Hersteller sein Blutzuckermessgerät an den Patienten bringen. Am liebsten würde er es ihm schenken und ihn sogar noch dafür bezahlen, denn die eigentliche Marge liegt nicht in dem Gerät, sondern in dem jahrzehntelangen Verkauf der Messstreifen, die täglich bei der Blutzuckermessung benötigt werden. Wenn ein Diabetespatient erst einmal ein bestimmtes Blutzuckermessgerät besitzt, zeigen Studien, dass er dieses in der Regel nicht mehr gerne wechselt. Doch das Gerät an den Patienten zu verschenken ist keine sinnvolle Strategie, weil der Preis in diesem Fall überhaupt keine Bedeutung für die Entscheidung hat. Es wird ja nicht von dem Patienten, sondern von der Krankenkasse bezahlt. Bei der Analyse des Prozesses, wer hauptsächlich Einfluss darauf hat, welches Blutzuckermessgerät ein neu diagnostizierter Diabetespatient mit nach Hause nimmt, stellte sich heraus, das dies die Arzthelferin ist. Sie ist diejenige, die dem Patienten die unterschiedlichen auf dem Markt vorhandenen Geräte zeigt, ihm die Funktionsweise des ausgewählten Geräts erklärt und mit ihm gemeinsam die Messung einübt. Mit diesem Wissen ausgerüstet, weiß der Pharmareferent bei seinen nächsten Arztbesuchen, dass sein wichtigster Ansprechpartner nicht der Arzt, sondern die Arzthelferin ist.

Entscheidungsforschung im B2B-Bereich setzt viel allgemeiner an und ist deutlich beratungsintensiver, weil sich damit auch grundsätzlichere Strategiefragen stellen und nicht nur der Entscheidungsprozess, sondern auch der Verkaufs- und Verhandlungsprozess im Rahmen des Projekts analysiert werden muss.

4. Die konkrete Umsetzung im Unternehmen

In diesem Kapitel werden Sie anhand einiger Praxisbeispiele sehen, zu welch ungewöhnlichen Ergebnissen und durchschlagenden Erfolgen man gelangen kann, wenn man den Entscheidungsprozess des Kunden mithilfe der Toolbox analysiert und versteht. Auf der Suche nach einer schnellen Lösung, die genau auf Ihr Unternehmen passt, werden Sie wahrscheinlich feststellen, dass jedes Beispiel speziell ist, ganz bestimmten Voraussetzungen unterliegt und sich nur sehr schwer auf ein anderes Unternehmen übertragen lässt, selbst wenn es ein Unternehmen aus der gleichen Branche ist.

Genau wie sich die Experimente der Behavioral Economics – so faszinierend sie sein mögen – kaum direkt auf das eigene Unternehmen übertragen lassen, werden sich auch die Praxisbeispiele nicht direkt auf Ihr Unternehmen übertragen lassen. Der Unterschied liegt darin, dass Sie jetzt eine Toolbox haben, die Ihnen dabei hilft, den Entscheidungsprozess Ihrer Kunden zu erheben. Um den Aufwand der Erhebung und genauen Analyse kommen Sie nicht herum, denn allgemeingültige Lösungen gibt es nicht. Aber es ist ein klar definierter Prozess, der im Ergebnis immer zu einem detaillierten Kundenmodell mit klaren Handlungsimplikationen führt und damit Ergebnisse, wie sie im Folgenden dargestellt werden, auch für Ihr Unternehmen möglich macht.

Wie Sie an den Titeln der Unterkapitel sehen können, greifen wir sehr unterschiedliche Themen auf. Richten Sie sich also ruhig nach Ihrer eigenen Bedürfnislage und picken Sie die Unterkapitel heraus, die Ihren Fragen aktuell am nächsten kommen.

4.1 Praxisbeispiel Preis: Paradoxe Preisgestaltung

Dieses Projekt wurde 2010 mit dem Preis der Deutschen Marktforschung als »Beste Studie« und für eine weiter verbesserte Variante 2013 mit dem ESOMAR Research Effectiveness Award ausgezeichnet.

Dieses Fallbeispiel stammt aus der Reisebranche und ist vielleicht das beeindruckendste Beispiel für die Relevanz von Behavioral Economics im Allgemeinen und der GRIPS-Typologie im Besonderen. Auf Basis einer intensiven Analyse des Entscheidungsprozesses haben wir die Rolle des Preises bei der Reisebuchung beleuchtet und kamen dabei zu einem überraschenden Ergebnis und einer Idee, die am Ende eine Steigerung der Conversion-Rate von 70 Prozent brachte, auch wenn sie auf den ersten Blick als völlig paradox, wenn nicht sogar unsinnig erscheint.

Wenn man die verschiedenen Kaufmotive, Bewertungsmechanismen und den Entscheidungsprozess genau analysiert, lassen sich innovative Preisstrategien ableiten, die profitabler und nachhaltiger sind. Denn die Menschen sind nicht von selbst auf Geiz oder Schnäppchen programmiert. Vielmehr sind sie bereit, Geld für etwas auszugeben, das ihnen einen Mehrwert verspricht – egal ob dieser eher auf der emotionalen Ebene zu finden ist oder ob ein tatsächlich greifbarer monetärer Nutzen entsteht. Eine innovative Preisstrategie, die L'TUR mit Unterstützung von Vocatus entwickelt hat, verbindet verschiedene Preis- und Kaufmotive mit einer Erleichterung des Entscheidungsprozesses.

Der Lastminute-Reisemarkt ist ein Markt, der sich im Kern über Rabatte definiert. Ausgerechnet in diesem preislich heiß umkämpften Markt brachte L'TUR einen Internet-Preisvergleich mit der Konkurrenz heraus. Kunden, die sich im Internet bei dem Reiseanbieter einen Urlaub zusammenstellen, bekommen automatisch vor der Buchung angezeigt, wie viel die gleiche Reise bei der Konkurrenz kostet – und zwar unabhängig davon, ob L'TUR günstiger ist oder nicht. Der Reiseanbieter zeigt seinen Kunden nicht nur ganz offen, zu welchen Preisen die Reise bei der Konkurrenz zu haben wäre, sondern verlinkt sogar noch direkt auf die jeweiligen Buchungsseiten beim Wettbewerber. Normalerweise würde man annehmen: Wenn man es den Kunden so leicht macht, zur Konkurrenz zu gehen, dann gehen sie auch. Doch das ist nicht der Fall.

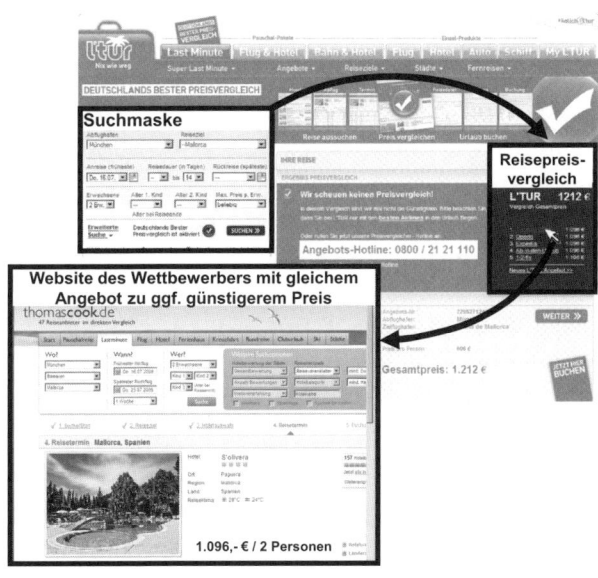

Abbildung 4.1: Der L'TUR Reisepreisvergleicher

Die Idee mag paradox klingen, ist aber alles andere als widersinnig. Der L'TUR-Reisepreisvergleicher gründet auf strategischen Überlegungen und auf einem vertieften Verständnis für den psychologischen Entscheidungsprozess, den jeder Kunde bei der Buchung einer Reise durchläuft. Er erbringt im Ergebnis nicht nur drastisch höhere Conversion-Rates, sondern zeigt auch, dass sogar bei Lastminute-Reisen nicht nur der Preis zählt, denn ein großer Teil der Interessenten, die sehen, dass es die gleiche Reise beim Wettbewerber noch günstiger gibt, bucht dennoch bei L'TUR – obwohl das Wettbewerbsangebot in der Tat nur einen Klick entfernt ist.

Im Lastminute-Reisemarkt ist die Preispositionierung die zentrale strategische Fragestellung. Erschwert wird die strategische Positionierung allerdings durch die ungeheure Produktvielfalt und Produktfluktuation: Zu jedem Zeitpunkt sind durch die beliebige Kombination von Flug- und Hotelkapazitäten mehrere Hundert Millionen Lastminute-Angebote auf dem Markt. Eine klare Preispositionierung, wie beispielsweise bei klassischen Konsumgütern, ist zudem kaum möglich, da die Preise für ein und dasselbe Reiseangebot mit abnehmendem Abstand zum Abflugdatum schwanken.

Insofern besteht die erste Schwierigkeit für das Unternehmen darin, einen umfassenden Überblick über die aktuellen Marktpreise zu erlangen, bevor es seine eigenen Angebote vor dem Hintergrund seiner preisstrategischen Ziele festlegen beziehungsweise kontinuierlich anpassen kann. Permanent die Preise aller verfügbaren Reiseangebote anzufragen ist dabei aber weder technisch noch rechtlich möglich. So beruhte die Preisfindung bei L'TUR mangels strukturierter Preisdaten lange Zeit primär auf Erfahrungswerten und Cost-Plus-Kalkulationen. Die Preispositionierung hing folglich vor allem davon ab, wie günstig Hotel- und Flugkapazitäten eingekauft werden konnten. Strategisches Pricing war nur ansatzweise und punktuell möglich. Obwohl L'TUR die Marktpreise in Gänze als Pricing-Grundlage nicht zur Verfügung hatte, konnte natürlich jeder einzelne Kunde, nachdem er sich auf eine bestimmte Destination oder ein bestimmtes Hotel festgelegt hatte, problemlos Marktpreise vergleichen und so den Anbieter heraussuchen, der aufgrund seiner internen Pricing-Regeln das günstigste Angebot unterbreitet.

Diese unbefriedigende Ausgangssituation und die Überlegung, dass man nicht bei allen Angeboten, sondern nur bei denen gut positioniert sein müsse, die tatsächlich von Kunden gesucht werden, hat L'TUR auf die Idee gebracht, eine Internet-Preissuche zu schaffen, die gezielt die jeweils aktuellen Marktpreise für die konkrete Suchanfrage eines Kunden recherchiert. Hierzu wurde eigens ein Web-Crawler entwickelt, der mit den Suchparametern des Kunden Wettbewerbsangebote im Internet recherchiert und kontinuierlich eine Preisdatenbank füttert.

Während in vielen anderen Branchen bekannte Preissuchmaschinen den Entscheidungsprozess vieler Konsumenten stark beeinflussen (zum Beispiel Verivox im Bereich Energie, Teltarif im Bereich Telekommunikation oder HRS im Bereich Hotellerie) und sich die Anbieter dieser neuen Marktmacht oft ausgeliefert fühlen, blieb der Lastminute-Reisemarkt davon bislang verschont. Da es aber prinzipiell möglich ist, einen Web-Crawler wie den von L'TUR zu entwickeln, ist es im Grunde nur eine Frage der Zeit, bis es auch hier einen unabhängigen Anbieter gibt, der dieses Informationsbedürfnis erfüllt.

Eine unabhängige Preissuchmaschine im Netz ist natürlich von den Reiseanbietern erst einmal unerwünscht. Die effektivste Eintrittshürde für eine solche unabhängige Preissuchmaschine ist es, diese Funktion einfach selbst anzubieten. Dies ist zunächst ein recht gewagter Gedanke, widerspricht er doch offensichtlich allen Glaubenssätzen des Preismanagements. Man sollte meinen, bei einer so schwierigen Preissituation, in der eine gezielte Preissteuerung nur schwer möglich ist, sollte man eher darauf setzen, die Produkte für den Kunden möglichst nicht vergleichbar zu machen. Die Kernfrage, ob die Ergebnisse des Preisvergleichs auch den Kunden zur Verfügung gestellt werden sollten, ist mit einem klassischen Konzepttest nicht sinnvoll zu beantworten. Die dabei übliche direkte Attraktivitätsbewertung des Reisepreisvergleichs würde nur wertlose Antworten ergeben, denn welcher Kunde wäre schon gegen eine solche Funktion?

Preisvergleich: Nutzen oder Schaden für den Reiseanbieter?

Die Attraktivität aus Kundensicht war somit nicht das eigentliche Forschungsinteresse von L'TUR. Vielmehr sollte genau vorausgesagt werden, ob die positiven Effekte tatsächlich die negativen überwiegen: Kann ein unabhängiger Preisvergleich einem Anbieter in einem Markt mit enormen Preisdruck, in dem zudem die eigene Preispositionierung nur sehr grob gesteuert werden kann, mehr nützen als schaden?

Um die Auswirkungen eines unabhängigen Preisvergleichs vorherzusagen, muss man die Rolle des Preises im Verlauf des Such- und Buchungsprozesses verstehen. Nur wenn man weiß, wie Kunden den Such- und Buchungsprozess durchlaufen und welche Rolle der Preis dabei spielt, kann abgeleitet werden, welche direkten Buchungseffekte und indirekten Imageeffekte für L'TUR zu erwarten sind, wenn der Preisvergleich zukünftig als festes »Feature«, zum Beispiel auf der L'TUR-Webseite, angeboten wird.

Die Basis der Studie bildeten das psychologische Entscheidungsprofil und die GRIPS-Typologie. Das Modell beschrieb die relevanten preispsychologischen Konstrukte (Preisinteresse, Preisimage, Vergleichsintensität et cetera) entlang der Kontaktpunkte mit dem Thema Preis im Laufe des Such- und Buchungsprozesses. Mithilfe einer empirischen Analyse dieser Konstrukte konnten dann die Auswirkungen eines unabhängigen Preisvergleichs auf den Such- und Buchungsprozess von L'TUR-Kunden vorhergesagt werden.

Beispielsweise könnte man davon ausgehen, dass sich bei den Schnäppchenjägern, die sich sehr stark für den Reisepreis interessieren und intensive Vergleiche zwischen Reiseanbietern anstellen, bevor sie buchen, das Buchungsverhalten nach Einführung eines Reisepreisvergleichs kaum negativ für L'TUR verändern würde. Dieses Kundensegment würde schließlich in jedem Fall entdecken, dass ein anderer Anbieter günstiger ist. Dagegen könnten Kunden, die bisher stark an L'TUR gebunden und von dessen Preisführerschaft überzeugt waren, wie beispielsweise Gewohnheitskäufer oder Verlustaversive, stärker gefährdet sein. Die zentrale Herausforderung war damit die Identifikation der unterschiedlichen Kundensegmente im Rahmen dieses Entscheidungsmodells sowie die »Saldierung« der Effekte, die sich dadurch für L'TUR ergeben würden.

Um die Rolle des Preises im Entscheidungsprozess besser zu verstehen, durften die entscheidungspsychologischen Konstrukte im Such- und Buchungsprozess aber nicht nur hypothetisch befragt werden. Vielmehr mussten die Ergebnisprofile zwischen Buchern und Nicht-Buchern entlang der preispsychologischen Konstrukte verglichen werden. Erst auf Basis einer derart differenzierenden Analyse ließ sich ableiten, wie ein Reisepreisvergleich das Buchungsverhalten beeinflusst. Erst dann konnten wir mit Sicherheit sagen, welches entscheidungspsychologische Konstrukt tatsächlich das Buchungsverhalten treibt. So waren wir nicht nur auf die Antworten der Befragten angewiesen, sondern konnten diese angesichts ihres konkreten Verhaltens unmittelbar validieren. Zusätzlich beobachteten wir den Such- und Buchungsprozess möglichst objektiv, um diese Beobachtung dann mit den Befragungsergebnissen zu kombinieren. Konkret hat sich daraus ein Design mit vier Modulen ergeben, das beobachtende und befragende Module enthält sowie Online- und Offline-Kanäle, differenziert nach Buchern und Nicht-Buchern, berücksichtigt.

Bereits zu Beginn des Projekts war klar, dass ein einmaliger Pre-Test nicht ausreichen würde, um die Frage des unabhängigen Reisepreisvergleichs abschließend zu klären. Deshalb sollten nach dem möglichen Launch des Features die zentralen Performance-Variablen (Conversion-Rate) kontinuierlich analysiert und evaluiert werden, welche Auswirkungen der Reisepreisvergleich auf die Bucher-Struktur bei L'TUR hat.

Im Ergebnis zeigte sich, dass der Preis für fast alle Bucher wie Nicht-Bucher eine zentrale Rolle spielt – was in diesem Markt auch nicht anders zu erwarten war. Er ist letztlich der Hauptgrund für die Buchung einer Lastminute-Reise. Die mehreren Hundert Millionen Angebote, die es zu jedem Zeitpunkt gibt, deren Verfügbarkeit aber stark schwankt, führen jedoch auch dazu, dass der Lastminute-Markt aus Kundensicht extrem undurchsichtig ist. Die Vielzahl an Attributen (Abflughafen, Ankunftsflughafen, Reisedatum und -zeit, inkludierte Leistungen, Hotel et cetera) macht einen korrekten Preisvergleich kaum möglich. Das objektive wie subjektive Preiswissen ist daher sehr gering.

In dem Maße wie echte Preisvergleiche schwierig sind, werden Imageaspekte wichtiger. Der reale Preisunterschied gerät gegenüber der vermuteten Preispositionierung in den Hintergrund. Besonders kritisch ist dabei das Ergebnis, dass das Preisimage von L'TUR in den letzten Jahren kontinuierlich erodiert ist. Zum einen ist dies auf die Tatsache zurückzuführen, dass L'TUR früher der einzige Anbieter war, heute aber massivem Wettbewerb ausgesetzt ist. Insofern ist der Preisabstand tatsächlich geschmolzen. Zum anderen korreliert der Preisimageverfall aber auch mit den teilweise höheren Marketing-Spendings der Wettbewerber, denn preispsychologisch heißt »lauter« auch »billiger«.

Eine sehr wichtige Erkenntnis im Rahmen der Studie war, dass L'TUR als Marktführer nach wie vor oft der erste Anlaufpunkt für den Kunden ist. Dies ist aber aus drei Gründen nicht per se als positiv zu sehen: Erstens gehen viele Kunden davon aus, dass sich der Preisvergleich mit anderen Anbietern durchaus lohnt (gesunkenes Preisimage). Zweitens waren die meisten Kunden durchaus bereit, auch bei anderen Anbietern zu buchen, und drittens war ein klares Ergebnis unserer Studie, dass der Such- und Buchungsprozess an sich unattraktiv ist. Man durchläuft ihn ungern mehrere Male, nur um den konkreten Angebotspreis zu eruieren.

In Kombination erwiesen sich diese Faktoren als eine sehr ungünstige Mischung für L'TUR. Denn wenn Kunden bei L'TUR ihre Suche online oder offline starten, in jedem Fall aber auch Vergleichspreise einholen wollen, ist die Chance sehr gering, dass bei gleichem oder nur sogar geringfügig höherem Preis der Kunde wieder zu L'TUR zurückkommt. Lieber bucht man dann gleich dort, wo man gerade ist, wenn es kaum einen Unterschied macht und Suche und Buchung aufwendig sind.

GRIPS-Typen und ihre Preismotive

Die eingangs erwähnte Wichtigkeit des Preises wird im weiteren Verlauf des Entscheidungsprozesses dadurch relativiert, dass nicht alle Kunden das gleiche Preismotiv verfolgen: Ein Schnäppchenjäger sucht tatsächlich das günstigste Angebot, zum Beispiel weil sein Budget begrenzt ist. Der Großteil der Kunden ist dagegen zwar auch an einem günstigen Preis interessiert und erfreut sich am Rabatt. Diesem Kundensegment geht es aber weniger darum, das günstigste Angebot zu finden. Sie suchen vielmehr einen exklusiven Urlaub, aber eben etwas günstiger als normal. Ihnen ist es wichtig, ein preiswertes Angebot zu bekommen. Sie sind aber nicht bereit, für das allergünstigste einen besonders hohen Suchaufwand auf sich zu nehmen, denn weder Preisbereitschaft noch Kaufkraft sind für diese Zielgruppe ein wirklicher Hinderungsgrund.

Das Lastminute-Reiseangebot ist nicht nur ein schwer greifbares Produkt. Gerade bei Verlustaversiven schwingt latent die Befürchtung mit, dass ein großer Rabatt immer auch mit Einschränkungen einhergeht, die den Genuss vor Ort trüben können. Natürlich wollen Lastminute-Kunden einen guten Deal, aber viele wollen den Anbieter nicht ausquetschen. Dies geschieht nicht aus Altruismus, sondern aus der Überlegung heraus, dass der Anbieter, dem keine Marge mehr gelassen wird, sich bei einem Problem vor Ort sicher nicht kulant zeigen wird. Und kein Kunde möchte sich wegen ein paar Euro deshalb die schönsten Wochen des Jahres verderben lassen.

Das detaillierte Verständnis des Entscheidungsprozesses zeigt, dass L'TUR durch einen Preisvergleich vor allem die Kunden von weiteren Preisvergleichen abhalten kann, denen der Preis zwar wichtig ist, die aber bei keinem oder nur geringen Unterschieden nicht unbedingt woanders buchen würden oder für die Fairness auch ein relevantes Preismotiv ist – und genau diese demonstriert der Reisepreisvergleich schließlich in plakativer Form. Die Schnäppchenjäger, die intensiv Preise vergleichen, sind damit zwar nicht aufzuhalten, werden aber auch nicht verjagt, weil sie in jedem Fall verglichen hätten.

Auf Basis dieser Ergebnisse beschloss L'TUR, den Reisepreisvergleich als reguläres Feature zunächst auf der Firmen-Webseite für bestimmte Zielgebiete allen Kunden zugänglich zu machen. Entscheidend ist dabei vor allem der Aspekt, dass der Klick auf ein Wettbewerbsangebot die Website des Wettbewerbers in einem neuen Fenster öffnet, sodass der vermeintlich hürdenreiche Weg »zurück« zu dem Anbieter, bei dem man die Suche gestartet hat – in unserem Fall also L'TUR – kein Hindernis darstellt.

Der Reisepreisvergleich und seine Folgen

Die Erfahrungen, die L'TUR mit dem Reisepreisvergleich in ausgewählten Zielgebieten als Feature auf seiner Website gemacht hat, waren so positiv, dass es in der Folge sowohl online als auch offline massiv beworben wurde. Der Reisepreisvergleich wurde bald ohne Einschränkung für alle Zielgebiete angeboten. Auch eine Ausweitung des Features auf die Vertriebskanäle Hotline und Shops wird angestrebt. Einige »Bottom-Line«-Ergebnisse dieser ersten Monate sollen den ungeheuren Erfolg dieser paradoxen Preisinnovation beispielhaft veranschaulichen:

1. Ohne dass L'TUR sein Preisniveau geändert hätte, ist die durchschnittliche Conversion-Rate um sagenhafte 70 Prozent angestiegen. Allein das Angebot des Preisvergleichs hat einen deutlichen Impuls zur Buchung gebracht.

2. Die Conversion-Rate bei Angeboten, bei denen L'TUR günstiger ist, liegt sogar noch rund 20 Prozent über diesem Durchschnittswert.

3. Selbst die Conversion-Rate bei Angeboten, bei denen L'TUR teurer ist und die Kunden das auch direkt vor Augen geführt bekommen, ist höher als die Conversion-Rate vor der Einführung des Preisvergleichs.

Um die preispsychologischen Hintergründe dieser Ergebnisse noch besser zu verstehen und um weitergehende preisstrategische Implikationen daraus abzuleiten, wurde ein abschließender Post-Test durchgeführt. Hierbei wurde analysiert, wie sich die Motivstruktur der Bucher in Abhängigkeit vom Preisvergleichsergebnis unterscheidet: Was unterscheidet die Bucher, bei denen L'TUR günstiger war, von den Buchern, bei denen L'TUR teurer war und diese Information diesen Kunden ungefragt zugänglich gemacht wurde? Welche Buchertypen treiben die insgesamt stark gestiegene Conversion-Rate besonders an? Dazu wurde das Profil von beiden Gruppen mit dem Profil der Bucher aus dem

Pre-Test verglichen, die noch keinen Preisvergleich zur Verfügung hatten. Im Kern brachte dieser Post-Test folgende Ergebnisse:

Grundsätzlich gilt es, zwei Fälle zu unterscheiden: L'TUR ist entweder teurer oder billiger als die Wettbewerber. Im Folgenden werden wir betrachten, welche Effekte diese Fälle jeweils auf die verschiedenen GRIPS-Typen haben. Nehmen wir zunächst den Fall, dass L'TUR teurer ist als die Wettbewerber:

➤ Der Schnäppchenjäger ist in diesem Fall als Kunde verloren, er wird beim Wettbewerber buchen. Dadurch entsteht allerdings für L'TUR kein Nachteil, denn der Schnäppchenjäger hätte sich sowieso noch weitere Angebote angeschaut und demzufolge ohnehin die günstigere Reise beim Wettbewerber gebucht.

➤ Der Verlustaversive bezweifelt von Haus aus, dass das billigste Angebot eine gute Entscheidung ist. Die unerwartete Preisfairness ist für ihn ein Indikator dafür, dass er bei Problemen am Urlaubsort fair behandelt wird. In dem etwas höheren Preis sieht er eine subjektive Absicherung der schönsten Wochen des Jahres. Einem Anbieter, der einen höheren Preis auch noch offen zugibt, unterstellen diese Typen von Kunden besondere Verlässlichkeit und sind daher eher buchungsbereit. Der Verlustaversive bucht also gerne bei L'TUR, auch wenn es ein bisschen mehr kostet.

➤ Der Preisbereite ist gewillt, für einen besseren Service mehr zu bezahlen, wenn der Mehrpreis plausibel gerechtfertigt werden kann, beispielsweise durch eine eigene Reiseleitung vor Ort.

➤ Für den Gewohnheitskäufer ist L'TUR ohnehin die erste Wahl. Er erwartet gar nicht, dass die für ihn beste Marke auch den günstigsten Preis hat.

➤ Dem Gleichgültigen ist der Preis ohnehin nicht besonders wichtig. Er hat keine Lust noch weiter zu suchen, wenn er etwas gefunden hat, was ihm gefällt.

Die Analyse der Bedürfnisse der einzelnen GRIPS-Typen zeigt also, dass vier der fünf GRIPS-Typen selbst dann bei L'TUR buchen, wenn es dort etwas teurer ist. Sein eigentliches Potenzial entfaltet der Reisepreisvergleicher aber in dem Fall, in dem L'TUR gleich teuer oder billiger ist. In diesem Fall ist nämlich für alle GRIPS-Typen der Entscheidungsprozess beendet und sie entscheiden sich für die Buchung bei L'TUR.

Der Preisvergleich führt hier vor allem dazu, dass sehr viel mehr preissensitive Schnäppchenjäger bei L'TUR als erste Anlaufstelle »hängenbleiben«. Der Reisepreisvergleicher hält dieses Segment nun effektiv von weiteren Preisvergleichen ab. Er beendet einen Entscheidungsprozess, der sonst weitergegangen wäre, denn die meisten Kunden buchen nicht gleich auf der ersten Internetseite, also bei L'TUR, sondern schauen sich noch andere Portale von Wettbewerbern an. Wenn sie feststellen, dass sich die Preise nicht wesentlich unterscheiden, bleiben sie in der Regel aus Bequemlichkeit auf der Konkurrenzwebseite, statt sich wieder zurück zu L'TUR zu klicken. Da L'TUR eine sehr hohe Bekanntheit hat und daher für viele Kunden die erste Anlaufstelle ist, hat das Unternehmen großes Interesse daran, den Entscheidungsprozess der potenziellen Kundschaft so schnell wie möglich zu beenden. Daher hält der L'TUR-Preisvergleicher die Kunden in unterschiedlicher Form und auf Basis unterschiedlicher Motive stärker von weiteren Vergleichen ab, als er sie dazu motiviert, zum Wettbewerber zu gehen. Im Grunde macht der L'TUR-Reisepreisvergleich die intensiven Angebotsvergleiche der Kunden offensichtlich sinnlos, weil sie angesichts der real existierenden Preisunterschiede entweder objektiv unnötig oder den Suchaufwand subjektiv nicht wert sind. Der Reisepreisvergleich beendet so den Suchprozess vorzeitig und im Sinne von L'TUR.

Gleichzeitig ist dieser Reisepreisvergleich nicht für jedes Unternehmen in der Reisebranche sinnvoll. Zunächst einmal befindet sich L'TUR als Erfinder der Lastminute-Reise und Marktführer in Europa in einer besonderen strategischen Situation. L'TUR ist erste Anlaufstelle, aber gleichzeitig eben auch der Anbieter, der am ehesten unter der Vermutung leidet, »nicht mehr so günstig zu sein wie früher«. Weiterhin ist der Lastminute-Markt insgesamt trotz des intensiven Preiskampfs durch einen aufwendigen und angesichts der Produktvielfalt unübersichtlichen Such- und Buchungsprozess geprägt, den viele Kunden sich lieber ersparen möchten. Schließlich ist und bleibt Urlaub ein Vertrauensgut. Fairness ist deshalb auch ein relevantes Preismotiv, das einige Kunden dazu bringt, in der Hoffnung auf besseren Service und bessere Betreuung vor Ort nicht unbedingt den billigsten Anbieter zu wählen.

Das Angebot eines unabhängigen Preisvergleichs ist und bleibt somit eigentlich eine paradoxe Preisstrategie, die in der besonderen strategischen Situation von L'TUR zu einem echten Mehrwert geworden ist. Große Innovationskraft und ein ausgeklügeltes Forschungsprogramm waren somit die Grundlage, dass aus einer paradoxen Idee ein enormer Erfolg wurde.

4.2 Praxisbeispiel Preis: Preisgestaltung bei Abonnements

Dieses Projekt wurde 2012 mit dem ESOMAR Effectiveness Award ausgezeichnet als Projekt mit dem weltweit höchsten Return on Investment.

Die Gestaltung von Preisen hat einen immensen Hebel auf den Unternehmensgewinn. Wenn die 30 DAX-Unternehmen ihre Preise um nur 1 Prozent steigern könnten, ohne Volumen einzubüßen, würde sich je nach Geschäftsjahr eine Gewinnsteigerung von 15 Prozent bis 45 Prozent ergeben. Und doch wird die Festlegung der Verkaufspreise in sehr vielen Unternehmen eher nach Gefühl oder als Kompromiss in der Diskussion zwischen Geschäftsleitung, Vertrieb, Einkauf und Marketing geführt. Über den tatsächlichen Kaufentscheidungsprozess des Kunden gibt es in dieser Diskussion viele Annahmen, die meist keiner empirischen Überprüfung standhalten würden.

In diesem Beispiel zeigen wir anhand der Preisoptimierung für einen Zeitungsverlag, zu welch kontraproduktiven Maßnahmen falsche Annahmen über die Bedeutung des Preises führen können: In der Gegenüberstellung zwischen impliziten Annahmen im Unternehmen und empirischen Erkenntnissen aus Behavioral Economics wird erstens deutlich, wie falsch Manager bei ihren Annahmen oft liegen. Zweitens wird veranschaulicht, welche unvermuteten Margenpotenziale offensichtlich werden, wenn man die Kaufentscheidung aus Sicht des psychologischen Entscheidungsprofils, dem zweiten Modul unserer Toolbox, analysiert. Dabei ist besonders interessant, wie man die Vorteile klassischer Forschungsmethoden nutzen und deren Nachteile theoriegeleitet ausgleichen kann. Drittens wird demonstriert, wie sich die Konsequenzen, die sich aus Behavioral Economics für die Marktforschung insgesamt ergeben, wie zum Beispiel die Forderung nach mehr experimentellen Designs, konkret umsetzen lässt.

Im Folgenden lauschen wir einem Mitschnitt aus einer Sitzung der Verlagsgeschäftsführung bei einer fiktiven traditionsreichen deutschen Abendzeitung:

 *Erika Wagner, Verlagsgeschäftsführerin*: »Nun, als letzten Agendapunkt haben wir noch das Thema Abo-Preis-Erhöhungen. Wie stehen Sie zu diesem Thema?«

 *Friedrich Klenze, Verleger*: »Die Anzeigenumsätze gehen immer weiter zurück. Wir stehen mit dem Rücken zur Wand. Wir müssen unseren Umsatz zunehmend aus den Vertriebserlösen bestreiten. Und damit auch die Kostensteigerungen der letzten Monate decken.«

 *Werner Schmitzke, Vertriebsleiter*: »Wir haben letztes Jahr das Monats-Abo um 1,70 Euro erhöht. Das war ein ziemlicher Schluck aus der Pulle. Ich finde, wir sollten diesmal etwas vorsichtiger sein, sonst überspannen wir den Bogen. Wir haben ja auch früher nur alle zwei Jahre erhöht. Meiner Mei-

nung nach sollten wir dieses Jahr wie üblich aussetzen und die Preise belassen, wie sie sind. Sonst kann ich nicht mehr für die Auflagenhöhe und Neuakquise garantieren, die ich eigentlich für dieses Jahr zugesagt habe.«

Wagner: »Vor der letzten Erhöhung haben wir das Monats-Abo jedes Mal um 50 Cent erhöht und konnten keine übermäßigen Kündigungen feststellen. Lassen Sie uns doch daran wieder anknüpfen. Das wären immerhin 6 Euro im Jahr!«

Schmitzke: »Ja, aber dieses Jahr wäre ja eigentlich gar keine Preiserhöhung dran ...«

Klenze: »Wir sollten es vielleicht tatsächlich nicht übertreiben, sonst verlieren wir noch stärker an Auflage. Das können wir uns nicht leisten. Die Akquiseziele müssen erreicht werden, sonst können wir auch die Anzeigenpreise nicht auf dem Niveau halten.«

Wagner: »Das mag schon sein, aber wir haben enormen Kostendruck und immerhin lag die Inflation im letzten Jahr bei fast 3 Prozent.«

Schmitzke: »Aber wenn wir dieses Jahr wieder erhöhen, wäre der *Nachrichtenkurier* günstiger als wir. Das können wir uns nicht erlauben, denn die haben die Preise auch nicht angepasst – trotz Inflation. Den Leser interessieren unsere wegbrechenden Anzeigenerlöse ja nicht. Wie wollen Sie das überhaupt begründen?«

Lutz Krämer, Chefredakteur: »Ich denke, wir nehmen wieder unseren Standardtext: ›Wegen gestiegener Druck- und Logistikkosten sind wir leider gezwungen ...‹ und so weiter und so fort.«

Brigitte Raab, Leiterin Lesermarkt: »Ja, begründen müssen wir das auf jeden Fall! Wir können den Leuten doch nicht einfach höhere Preise vor den Latz knallen. Wie soll ich das beim Leser vertreten? Ich finde, dass wir dann zumindest auch den Umfang etwas erhöhen sollten, damit unser Preis-Leistungs-Verhältnis weiterhin stimmt. Herr Krämer, können wir in der ersten Zeit nach der Erhöhung vielleicht eine Sonderserie bringen, damit sich die Zeitung auch etwas dicker anfühlt und der Leser sieht, dass er mehr für sein Geld bekommt?«

Krämer: »Mhh, ja da hätten wir was in der Schublade zum Thema Altersvorsorge.«

Wagner: »Gut, das wäre doch eine Lösung. Herr Schmitzke, wenn Sie befürchten, dass die 50 Cent die Akquise erschweren, sollten wir den Preis für das Drei-Monats-Testabonnement so belassen wie er ist. Dann entsteht hier keine höhere Einstiegshürde. Das müsste ein mögliches Akquiseproblem minimieren!«

Raab: »Und was machen wir dann mit dem Copy-Preis? Den müssen wir ja auch nachziehen, sonst geht uns der Abo-Rabatt verloren. Vielleicht sollten wir die Samstagsausgabe auch um 10 Cent erhöhen, dann passt das wieder und wir haben weiterhin 6 Prozent Abo-Rabatt. Sonst gehen mir nämlich die Argumente für das Abo aus – schließlich werben wir seit Jahren vor allem mit dem Abo-Rabatt!«

Klenze: »Das scheint auf einen vernünftigen Kompromiss hinauszulaufen: Wir erhöhen um 50 Cent und ziehen die Samstagsausgabe im Einzelverkauf um 10 Cent hoch. Das Test-Abo aber belassen wir, um den Abo-Vertrieb nicht zu belasten. Dafür schreibt Herr Krämer seinen Erklärungsartikel zur Preiserhöhung und macht die Zeitung mit seiner Sonderserie etwas dicker. Haben wir hier dann Konsens?«

Alle nicken, der Vertriebsleiter jedoch etwas zögerlicher als die anderen. »Dann wäre dieses Thema erst einmal wieder erledigt, besten Dank!«

So ähnlich findet dieser Gesprächsverlauf regelmäßig in zahlreichen Verlagshäusern statt. Dabei spielt es keine Rolle, ob es nur um Abo- oder Copy-Preise geht oder ob man bei einem Zeitungs- oder einem Zeitschriftenverlag lauschen würde. Das fiktive Sitzungsprotokoll schildert prototypisch die Art und Weise, in der traditionell Vertriebspreise, Produktumfang und Akquisestrategie für Einzelverkauf und Abonnement entschieden werden. Das ist aus zwei Gründen erschreckend.

Erstens handelt es sich um den falschen Weg. Die Bedeutung der Vertriebserlöse, das heißt des Umsatzes aus Abonnements und Einzelverkäufen, ist in den letzten Jahren stark gestiegen: Während im Jahr 2000 nur 36 Prozent des Gesamtumsatzes eines typischen Zeitungsverlags aus Vertriebserlösen stammte, sind es heute mehr als 54 Prozent. Die Anzeigenerlöse gingen dagegen nicht nur relativ, sondern auch absolut stark zurück. Das gilt nicht nur für Zeitungen, sondern in strukturell ähnlicher Weise ebenso für Zeitschriften. Angesichts dieser gestiegenen Bedeutung und des Drucks, unter dem das Verlagsgeschäftsmodell steht, ist es grob fahrlässig, die strategischen Entscheidungen zu Preis, Produktumfang und Akquisemodellen nach Gutsherrenart aus dem Bauch heraus zu treffen und auf fundierte Unterstützung seitens der Marktforschung zu verzichten. Zweitens liegen der Diskussion falsche Annahmen zugrunde. Der dargestellte Weg allein führt schon mit hoher Wahrscheinlichkeit nicht zu einer optimalen Strategie. Zu einer sicher falschen Strategie führen aber die Annahmen über die Leser. Sie widersprechen nämlich explizit den Erkenntnissen der Behavioral Economics.

Der Leser aus Verlagssicht

Um den letzten Punkt zu verdeutlichen, ist es hilfreich, die diskussionsleitenden Annahmen aus dem typischen Gesprächsverlauf von vorhin noch einmal explizit hervorzuheben:

Der Leser aus Sicht des Verlags	Erkenntnisse der Behavioral Economics
Der Leser **kennt den Preis,** nimmt Preiserhöhungen wahr, abonniert, weil er sparen will, vergleicht zwischen Wettbewerbern und entscheidet vielfach preisabhängig. Diese Annahmen sind Grundlage der gesamten Diskussion. Ansonsten wäre der permanente Blick auf den Wettbewerbspreis ebenso sinnlos wie der traditionelle Abo-Rabatt oder die explizite Begründung der Preiserhöhung.	Diese Annahmen erwachsen nicht aus detailliertem Wissen über den Leser, sondern aus der unreflektierten Verquickung von **Projection** und **Rationalization-Bias.** Die eigene Preiskenntnis wird auf den Leser projiziert und man unterstellt ihm gleichzeitig insoweit »rationales« Verhalten, als er den Preis unterschiedlicher Titel bei seiner Kaufentscheidung bewusst berücksichtigt.
Der Leser rechnet nach und **hat einen objektiven Blick** auf den Preis. Ansonsten dürfte man die Diskussion nicht nur auf den absoluten Preis pro Monat reduzieren.	Dem widerspricht der **Framing-Effekt.** Die heiß diskutierte Preiserhöhung kann völlig unterschiedlich bewertet werden, je nachdem ob man auf den Gesamtpreis oder die reine Preiserhöhung schaut. Aus psychologischer Sicht gibt es für jeden Blickwinkel (»Frame«) andere Referenzwerte und Sensitivitätsschwellen, die in der Diskussion ignoriert werden.
Der Leser **nimmt die gleiche Erhöhung immer gleich wahr** und akzeptiert nur einen bestimmten Erhöhungsdurchschnitt über die Jahre. Sonst wären Daumenregeln wie »Wir haben immer um 50 Cent erhöht« so unnötig wie die Überlegung, die aktuelle Erhöhung niedriger ausfallen zu lassen, weil die letzte hoch war.	Dem widerspricht die **Prospect Theory** und deren Grunderkenntnis, dass Preise nicht absolut, sondern immer relativ zu einem Referenzwert bewertet werden. 50 Cent sind also nicht immer 50 Cent, sondern in Abhängigkeit vom Ausgangspreis subjektiv mal mehr, mal weniger viel.

Der Leser **bewertet** das Produkt **auf Basis des objektiven Umfangs.**

Sonst wäre die parallele Erhöhung des Umfangs sinnlos.

Dem widerspricht das **Mental-Accounting-Modell,** wonach für die Attraktivität des Angebots nicht die potenzielle Leistung (Umfang), sondern vielmehr die subjektiv tatsächlich genutzte Leistung als Gegenwert zum gezahlten Preis entscheidend ist.

Der Leser testet umso eher einen Titel, den er eigentlich nicht abonnieren will, je günstiger er ist. **Über Test-Abos entsteht immer Wertschätzung,** die mehr Tester zu regulären Abonnenten macht.

Sonst wäre es nicht sinnvoll, das Test-Abo so günstig wie möglich halten zu wollen – sieht man vom kurzfristigen Auflagengewinn ab.

Diesem erhofften Mechanismus wachsender Titelattraktivität widerspricht zum einen der **Korrumpierungseffekt**: Je günstiger das Test-Abo, desto eher nimmt man es wegen des Preises statt wegen des Titels. Man begründet das Test-Abo auch so vor sich selbst und auf dieser Basis entsteht seltener eine nachhaltige Bindung.

Zum anderen widerspricht diese Annahme ebenfalls der **Prospect Theory:** Je deutlicher der Preisunterschied zwischen dem Test-Abo und dem normalen Abonnement ist, umso größer ist die subjektive Hürde, später in die reguläre Abo-Form zu wechseln.

Wenn Zeitungsverleger eine Preiserhöhung durchsetzen möchten, dann tun sie das häufig, indem sie direkt auf der Titelseite einen Artikel »In eigener Sache« schreiben. Darin informieren sie die Abonnenten, dass der Abonnementpreis in den letzten vier Jahren konstant bleiben konnte, nun aber aufgrund der gestiegenen Druck- und Papierkosten et cetera die Zeitung leider gezwungen sei, die Preise um 8 Prozent zu erhöhen. Damit bewege man sich aber immer noch weit unter den Preiserhöhungen der Konkurrenzzeitung, die die Preise in vier Jahren bereits zweimal um insgesamt 17 Prozent erhöht habe. Als Ausgleich für die geringe Preiserhöhung habe man sich aber entschlossen, die Zeitung dicker zu machen, um den Kunden etwas Gutes zu tun.

Der Effekt dieser Ankündigung auf den Abonnenten ist vorhersehbar: Zunächst einmal wird er über den aktuellen Preis seines Abos informiert, den laut empirischen Untersuchungen der allergrößte Teil der Kunden gar nicht kennt. Dann wird der Kunde über die geplante Preiserhöhung informiert, wodurch der Preis, der ihm bisher nicht bekannt und auch herzlich egal war, plötzlich zu einer relevanten Entscheidungsgröße wird. Zusätzlich werden ihm auch noch die Preise der Konkurrenz mitgeteilt. Diese sind für ihn zwar völlig irrelevant, weil empirische Erhebungen zeigen, dass sich Kunden nicht aufgrund des Preises, sondern aufgrund des Inhalts für die eine oder andere Zeitung entscheiden. Dennoch bestärkt die Erwähnung der Konkurrenzpreise den Kunden noch einmal darin, dass Preise wichtig und entscheidungsrelevant sein sollten – was sie für ihn bisher aber gar nicht waren. Und nun soll die Zeitung auch noch dicker werden, sodass er eventuell einen noch größeren Teil als bisher ungelesen wegwerfen muss. Jetzt ist das Maß voll: Der Kunde kündigt sein Abonnement.

Das Bild, das der Verlag vom Leser hat, ist dabei nicht inkonsistent oder nicht plausibel – im Gegenteil: Es ist eigentlich viel zu stringent und logisch, um psychologisch richtig zu sein. Es entspricht dem klassischen Homo oeconomicus. Reale Leser entscheiden einfach anders. Das wird allein dadurch deutlich, dass die entscheidungsleitenden Annahmen des Verlags in so weiten Teilen dem widersprechen, was in den letzten Jahrzehnten in der Behavioral Economics wieder und wieder bestätigt wurde: Kaufentscheidungen sind in vorhersagbarer Weise irrational. Genau diese vorhersagbare Irrationalität ist aber in dem Bild, das sich der Verlag vom Leser macht, nicht enthalten. Hier wird nach wie vor ein rationaler Leser unterstellt.

Wie verhalten sich Leser bei der Kaufentscheidung?

Im Rahmen des Projekts haben wir daher die Fragen zum Preis, zum Produkt und zur Akquise, die bisher aus dem Bauch heraus und im Widerspruch zu bekannten Erkenntnissen getroffen wurden, empirisch gestützt beantwortet. Dabei werden ganz gezielt diejenigen Annahmen hinterfragt, die in Verlagen bisher immer entscheidungsleitend waren. Grundlage war das psychologische Modell der Kaufentscheidung (siehe Kapitel 2). Basierend auf den damit gewonnenen Einsichten in den Entscheidungsprozess des Lesers, hat sich seither die Denkweise und Strategie einer ganzen Branche grundlegend verändert.

Bei der Projektkonzeption folgten wir dabei einem streng phänomenologischen Ansatz, denn entscheidend war allein die subjektive Perspektive des Lesers, nicht die objektive Verlagssicht. Damit ist beispielsweise gemeint, dass man aus der Akzeptanz eines absoluten Preises von 30 Euro pro Monat nicht schließen kann, dass eine Preiserhöhung um 5 Euro (von 25 Euro auf 30 Euro) ebenso bereitwillig akzeptiert wird. Dies sind schlichtweg zwei unterschiedliche Perspektiven. Es kann sein, dass die Sensitivität gegenüber dem Monatspreis geringer ist als gegenüber einer Preiserhöhung.

Genau das sind die Framing-Effekte, die häufig ausgeblendet werden, aber dringend verstanden werden müssen, wenn man den psychologischen Entscheidungsprozess als Ganzes verstehen will. Denn die Preisstruktur aus Einzelpreis, Abo-Preis mit unterschiedlichen Zahlweisen, Abo-Rabatt, Vorauszahlungsrabatt, Test-Abo-Preis et cetera erlaubt eine Vielzahl an möglichen Perspektiven und unterschiedlichen Bewertungen. Empirisch erhoben wird deshalb immer nur der Preis, der aus Sicht des Lesers relevant ist: Zahlt der Abonnent beispielsweise monatlich, wird nach dem monatlichen Preis gefragt; zahlt er hingegen quartalsweise oder jährlich, wird entsprechend diese Sensitivität erfasst. Dadurch wird die Sensitivität aus der Perspektive des jeweiligen Lesers gemessen und trägt damit auch einer der Grundaussagen der Behavioral Economics Rechnung, wonach Menschen nicht absolut, sondern relativ zu einem für sie relevanten Referenzpunkt bewerten.

Typischerweise stellen Unternehmen bei Preiserhöhungen immer die Frage, wie weit sie die Preise erhöhen können, bevor ein Effekt auf die Absatzmenge entsteht, also beispielsweise ein Abo gekündigt wird. Übersetzt man diese Aufgabenstellung einfach in eine Frage an den Leser, würde die vermutlich heißen: »Ab welchem Preis würden Sie Ihr

Abonnement kündigen?« Darauf würde man entsprechende Antworten bekommen, diese aggregieren und interpretieren und ein Preiserhöhungspotenzial ableiten. Dabei wird geflissentlich übersehen, dass der Leser hier zwar brav eine Antwort gibt, diese aber ganz unterschiedlich zu interpretieren ist: je nachdem wie gut sein Wissen über den Preis ist, den er aktuell bezahlt, und je nachdem wie relevant der Preis bei der Abo-Entscheidung überhaupt war. Diese beiden zusätzlichen Dimensionen (Preisrelevanz und Preiskenntnis) bleiben häufig unberücksichtigt.

Kennt der Leser den aktuellen Abo-Preis gar nicht und hat der Preis zudem keine große Rolle bei seiner Abo-Entscheidung gespielt, ist zu vermuten, dass seine Antwort auf die Frage nach seiner Preisbereitschaft auch nicht für bare Münze zu nehmen ist und seine tatsächliche Preissensitivität überschätzt wird. Aus diesem Grund wird nicht nur nach der Preissensitivität gefragt, sondern konkret überprüft, wie gut der Befragte die aktuellen Preise kennt und welche Relevanz der Preis bei der Entscheidung für ihn hatte.

Durch das psychologische Kaufentscheidungsmodell wird sichergestellt, dass genau diese Fragestellungen tatsächlich empirisch erhoben und nicht einfach durch Annahmen ersetzt werden. Auch wenn den Verlag in erster Linie die Preishöhe interessiert, müssen konsequent alle strategischen Gestaltungselemente, die dem Verlag im Zuge einer Preiserhöhung zur Verfügung stehen, analysiert werden: Wie muss eine Preiserhöhung kommuniziert und begründet werden? Welche Rolle spielt die gesamte Preisstruktur? Wie umfangreich soll die Angebotspalette sein und welche Bedeutung haben verschiedene Akquisemodelle wie Test- oder Mini-Abos? So lässt sich beispielsweise quantifizieren, inwiefern ein erhöhter inhaltlicher Umfang die Preisbereitschaft tatsächlich verändert. Auch kann festgestellt werden, wie die Test-Abo-Preise gestaltet werden müssen, damit der Sprung zu den regulären Abo-Preisen nicht zu hoch ist und letztlich kein Einbruch bei den Neuabonnenten zu befürchten ist.

Experimentelles Design: Marktforschung rückwärts

Der inhaltlich erweiterte Fokus durch das psychologische Kaufentscheidungsmodell ist hier ein wesentlicher Erfolgsfaktor. Ein zweiter, mindestens ebenso relevanter Faktor ist das experimentelle Design entlang von Verhaltenssegmenten. Wir versuchen vorherzusagen, wie sich Kaufentscheidungen unter veränderten Bedingungen im Hinblick auf Preis, Produkt und Akquisemodelle verändern werden. Marktforschung, die auf hypothetischen Fragen aufbaut wie »Stellen Sie sich bitte einmal vor ... Wie würden Sie dann entscheiden?« ist immer mit großer Vorsicht zu genießen.

Deshalb gehen wir den umgekehrten Weg: Wir analysieren Kundensegmente, die sich entschieden haben, und ermitteln, ausgehend von unterschiedlichem Entscheidungsverhalten, welche Rolle Preis, Produkt und Vertrieb beim Zustandekommen dieser Entscheidung gespielt haben. Dabei verlassen wir uns nicht nur auf die direkte Äußerung der Befragten, sondern auf die Erkenntnisse, die sich aus den unterschiedlichen Antwortmustern komplementärer Verhaltenssegmente ergeben. Wenn wir beispielsweise quantifizieren wollen, welche Bedeutung der Abo-Preis für die Fortführung oder Kündigung eines Abonnements hat, fragen wir dies nicht nur die Abonnenten, sondern vergleichen deren Preissensitivität, -kenntnis und -relevanz mit der von Kündigern, die sich genau gegenteilig entschieden haben. Der Vergleich auf Basis dieses experimentellen Designs leistet zusätzlich zum breiteren inhaltlichen Fokus einen enormen Beitrag zu den nachweislich hoch validen Ergebnissen. Insgesamt ergibt sich so ein modulares experimentelles Design für jede Studie, das im Kern aus folgenden Segmenten besteht:

➤ *Neuabonnenten (abonnieren seit weniger als 6 Monaten):* Über ihr Antwortprofil lässt sich die Auswirkung der Maßnahmen auf potenzielle Abonnenten abschätzen.

➤ *Bestandsabonnenten (abonnieren seit mehr als 3 Jahren):* Ihr Antwortprofil bildet einen ersten Kontrast zu den Neukunden. Im Vergleich beider Segmente kann man die differenzielle Wirkung unterschiedlicher Maßnahmen quantifizieren.

➤ *Kündiger:* Sie stehen für das Entscheidungsergebnis, das vermieden werden muss.

Neben diesen Basismodulen gibt es je nach Ausgangssituation, Fragestellung und Positionierung des Verlags noch Erweiterungsmodule, die stets der Logik folgen, dass sich die Segmente in erster Linie nicht soziodemografisch, sondern aufgrund unterschiedlichen Kaufverhaltens definieren (zum Beispiel Einzelkäufer, Abonnenten versus Nicht-Abonnenten nach Test-Abo oder Studenten-Abo).

Anders als bei hypothetischen Fragen bringen die so segmentierten Befragten bereits eine maximale Entscheidungsnähe im Hinblick auf die definierten Verhaltenssegmente mit. Dieses Design ist die Grundlage für möglichst valide Antworten, die durch den Vergleich der Antwortprofile zwischen den Verhaltenssegmenten zusätzlich abgesichert werden.

Prognose: Mögliches Verhalten der Leser nach einer Preiserhöhung

Die Stärken bei Inhalt und Design kommen nur zum Tragen, wenn die Auswertungsmethoden den gewonnenen Mehrwert unverzerrt in konkrete Ergebnisse verdichten können. Da es unmöglich ist, alle Auswertungsschritte und -besonderheiten hier darzustellen, möchten wir die zwei Hauptprinzipien am Beispiel der Frage nach einer möglichen Preiserhöhung erläutern und danach die zugehörige Analyse exemplarisch veranschaulichen:

➤ *Aggregation:* Angesichts der Vielfalt der Dimensionen, die wir bei einem Befragten verstehen müssen, um das Leserverhalten nach einer Preiserhöhung verlässlich vorherzusagen, sind klassische Auswertungsmethoden schlicht unzureichend. Während Studienergebnisse normalerweise als Mittelwert über Befragte ausgewiesen und interpretiert werden, würde das in diesem Fall keinen Sinn ergeben. Welche Bedeutung hätte es, Preisbereitschaften zu ermitteln, die auf Basis völlig unterschiedlicher Preiskenntnisse und -relevanz genannt wurden? Anders als bei klassischen Auswertungsverfahren geht es hier also nicht darum, Aggregate zu interpretieren, sondern vielmehr Interpretationen zu aggregieren. Zunächst muss auf individueller Ebene jedes Antwortprofil aus Preisbereitschaft, -kenntnis und -relevanz für sich analysiert werden. Erst dann kann abgeleitet werden, welche Preissensitivität sich daraus auf Marktebene ergibt. Dies gilt natürlich in analoger Weise für die anderen Befragungsthemen wie Produktumfang und Akquisemodelle.

➤ *Transparenz:* Verlage, insbesondere Zeitungsverlage, haben häufig nur ein Hauptprodukt, eben die jeweilige Tageszeitung. Die Veränderung des Produktpreises gleicht normalerweise einer Operation am offenen Herzen: Es gibt kaum kritischere Entscheidungen, deren Ergebnis oft mit großer Unsicherheit erwartet wird. Dies ist ein Grund dafür, dass die Preiserhöhungen in diesem Markt bisher meist recht zurückhaltend waren. Ein Projekt, das diese Aufgabe übernehmen soll, die trotz aller Unsicherheit bisher immer gänzlich in den Händen der Entscheider lag, darf keine Black Box sein. Es muss vielmehr auf transparente Weise Ergebnisse zusammenführen, nachvollziehbar verknüpfen und zu einem konkreten Ergebnis verdichten, sodass Diskussionen nach wie vor möglich sind, nur jetzt eben auf Basis empirischer Erkenntnisse. Unser Projekt leistete dies und überließ durch seine völlige Transparenz den Akteuren, die es gewohnt waren, Entscheidungen selbstständig zu treffen, nach wie vor die volle Kontrolle. Nur mithilfe dieser Transparenz waren wir in der Lage, die teilweise sehr großen, weit über das traditionelle Maß hinausgehenden Preiserhöhungen, die wir aufgrund unserer empirischen Studien aufzeigen konnten, im Verlag durchzusetzen.

Entscheidungsfindung im Verlag

Wie der Verlag bisher seine Preiserhöhungen festgelegt hat, kann man der eingangs dargestellten Diskussion entnehmen. Hätten die Verlage sich von der Bauchentscheidungsstrategie verabschiedet und stattdessen eine klassische Marktforschungsstudie in Auftrag gegeben, wären im Hinblick auf die Frage nach der akzeptablen Preiserhöhung die bekannten Instrumente wie zum Beispiel *Price Sensitivity Measurement (PSM)* zum Einsatz gekommen: Man hätte Abonnenten rekrutiert und danach befragt, welcher Preis zu hoch wäre – sprich ab welchem Preis sie ihre Abonnements mit hoher Wahrscheinlichkeit kündigen würden. Als Ergebnis hätte man wahrscheinlich ähnliche Ergebnisse wie in Abbildung 4.2 erhalten.

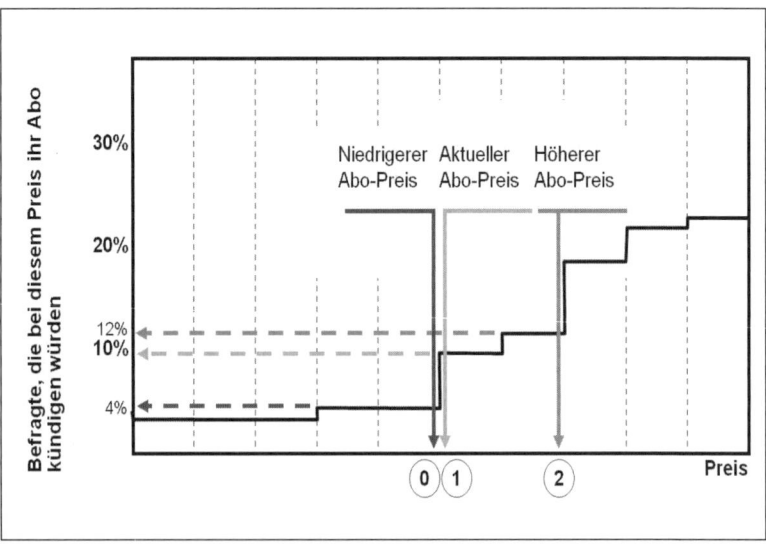

Abbildung 4.2: Preissensitivität – Kündigung nach Erhöhung des Abo-Preises

Aus Sicht eines Verlags, der den Leser als Homo oeconomicus sieht, die Ergebnisse dieser klassischen Methode Folgendes aus:

> Zum aktuellen Preis (Preispunkt 1 in Abbildung 4.2.): Rund 10 Prozent der aktuellen Abonnenten sind gemäß PSM scheinbar nicht mehr bereit, den heutigen Abo-Preis zu bezahlen. Ein solcher Auflagenverlust würde eine existenzielle Krise bedeuten.

> Zu einem noch höheren Preis (siehe Preispunkt 2 in Abbildung 4.2.): Eine weitere Steigerung des Abo-Preis über die nächste Preisschwelle bis unmittelbar vor die übernächste Preisschwelle würde das Kündigungsrisiko gemäß PSM auf 12 Prozent steigern.

> Zu einem leicht gesenkten Preis (Preispunkt 0 in Abbildung 4.2.): Da der aktuelle Preis aber ganz knapp nach einer markanten Preisschwelle liegt, würde gemäß PSM eine leichte Preisreduktion das akute Kündigungsrisiko deutlich, nämlich auf nunmehr nur 4 Prozent senken. Genau diese Preissenkung wäre das (falsche) Ergebnis dieser klassisch angelegten Studie und der folgenden Diskussion im Verlag.

Aus unserer Sicht wurden aber bei dieser scheinbar plausiblen Interpretation mindestens vier kritische Fehler gemacht:

> *Zu wenig Dimensionen:* Es wurde nur nach Preissensitivität gefragt und perfekte Preiskenntnis sowie hohe Preisrelevanz unterstellt, ohne sie empirisch zu ermitteln.

> *Zu wenig Perspektiven:* Man basiert die Interpretation allein auf der Analyse einer Perspektive auf den Preis (absoluter Monatspreis).

> *Keine Verhaltenssegmente:* Es wurde nur ein relativ inhomogenes Segment betrachtet, das nicht weiter differenziert wird (der Abonnent).

> *Falsche Aggregation:* Es wurden Aggregate interpretiert, ohne das Entscheidungsprofil des einzelnen Befragten zu berücksichtigen (die individuellen »Kündigungspreise« wurden zusammengefasst).

So weit also die klassische Interpretation. Wir gehen an dieser Stelle einige entscheidende Schritte weiter, vermeiden die genannten Fehler und kommen zu völlig anderen Schlussfolgerungen.

Betrachten wir dazu die konkrete Logik, wie wir zur Vorhersage kommen, ob der betreffende Befragte im Falle einer Preiserhöhung tatsächlich kündigen wird: Die PSM-Antwort des Befragten ist nur dann ernst zu nehmen und der Verlag muss tatsächlich mit einer Kündigung rechnen,

➤ wenn der Befragte gemäß PSM den Preis nicht mehr bezahlen will *und* den aktuellen Preis kennt *und* dieser ein relevantes Entscheidungskriterium für ein Abonnement war oder

➤ wenn der Befragte die zugehörige Preiserhöhung inakzeptabel findet und er auch die letzte Preiserhöhung mitbekommen hat.

Wie man sieht, müssen eine ganze Reihe von Bedingungen erfüllt sein, damit die PSM-Antwort tatsächlich handlungsrelevant wird – und wie die empirische Forschung zeigt, geschieht dies nicht sehr häufig.

Dennoch setzen auch wir zunächst auf der PSM-Kurve auf und analysieren, ausgehend vom aktuellen Preis, die dort angegebenen Gewinn- oder Verlustpotenziale – allerdings detaillierter. Ziel dieser vertieften Analyse ist es zum einen vorherzusagen, inwieweit das Kündigungsrisiko durch eine Preissenkung tatsächlich verringert würde, und zum anderen zu prognostizieren, welcher Abonnent bei einer Preiserhöhung tatsächlich kündigen würde. Dazu wird zunächst das Antwortprofil jedes einzelnen Befragten interpretiert. So werden mehr Dimensionen (Preissensitivität, -kenntnis und -relevanz) aus mehr Perspektiven (Abo-Preis und Preiserhöhung) erfasst. Zudem werden die Ergebnisse zuerst auf individueller Ebene verknüpft und interpretiert, bevor sie aggregiert werden.

Dieses Ergebnis wird dann in ein leicht verständliches Ampelsystem übersetzt (siehe Abbildung 4.3), in dem jedes Ampellicht für bestimmte Kombinationen von Preissensitivität, Preiskenntnis und Preisrelevanz steht, aus der sich das jeweilige Kündigungsrisiko ableiten lässt: So gibt das rote Ampellicht den Anteil der Personen wieder, die – im Vergleich zum akutellen Preispunkt – den analysierten Preispunkt zu hoch finden (Preissensitivität) und auch wissen, wovon sie reden (gute Preiskenntnis) und für die gleichzeitig der Preis auch ein wichtiges Entscheidungskriterium war (Preisrelevanz). Außerdem umfasst dieser Prozentsatz auch die Leute, die die Preiserhöhung zu hoch finden (Preissensitivität) und auch schon die letzte Preiserhöhung mitbekommen haben (gutes Preiserhöhungswissen). Der Prozentsatz im roten Ampellicht steht damit für das akute Kündigungsrisiko. Dagegen spiegelt das grüne Ampellicht den Anteil wider, der zwar auch angibt, dass der analysierte Preispunkt zu hoch ist (daher die Preisschwelle im PSM), aber weder weiß, was das Abonnement heute kostet noch behauptet, dass der Preis ein wichtiges Entscheidungskriterium war und damit als »kündigungsunkritisch« angesehen werden kann. Es fällt auf, dass das Kündigungsrisiko nicht allein aus der geäußerten Preissensitivität abgeleitet werden kann, sondern dass dabei auch berücksichtigt werden muss, was die Kunden eigentlich vom Preis wissen und wie wichtig dieser aus deren Sicht überhaupt ist. Nimmt man alle drei Aspekte zusammen, erkennt man, dass bei Preispunkt 2 mit keinerlei Kündigungen zu rechnen ist, auch wenn das klassische PSM-Ergebnis, das ausschließlich die Preissensitivität erfasst, andere Vorhersagen gemacht hat. Nicht einmal bei Preispunkt 3 erreicht der Prozentsatz der zu erwartenden Kündigungen einen kritischen Wert – insbesondere angesichts der großen Preiserhöhung von 12 Prozent, die diesen Schritt attraktiv macht. Erst bei Preispunkt 4 kommt es zu kritischen Kündigungsquoten.

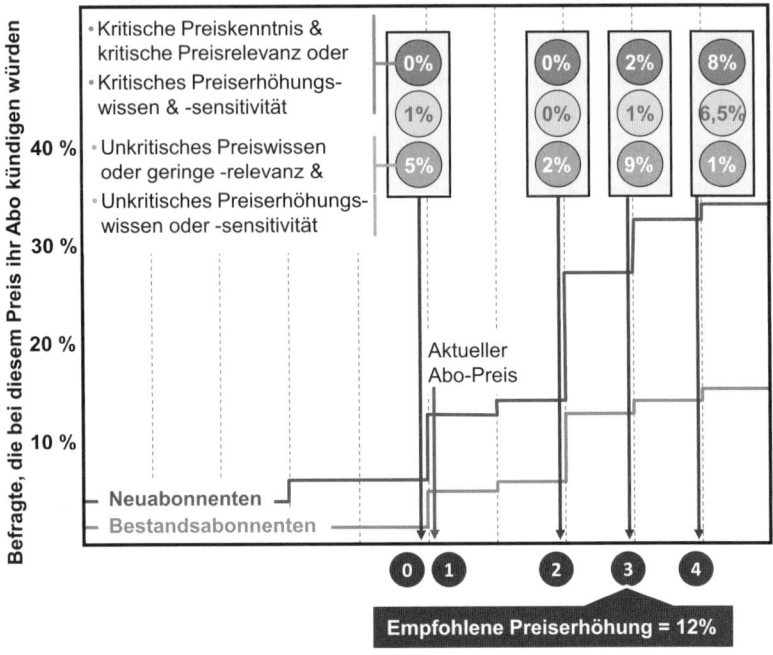

Abbildung 4.3: Ableitung der tatsächlichen Preisbereitschaft

Mit dieser Logik lässt sich auch analysieren, was bei der Preissenkung (auf Preispunkt 0) passieren würde – dafür hätte man sich schließlich nach der klassischen PSM-Analyse entschieden: Nichts, denn kein Abonnent würde es merken (rote Ampel = 0 Prozent)! Nur der Verlag würde Konsequenzen spüren, da er weniger Umsatz machen, die Kündigungstendenz beim aktuellen Preisniveau dadurch aber nicht reduziert werden würde. Dies ist kaum verwunderlich, denn diese Kündigungstendenz ist ein reines PSM-Methodenartefakt und Konsequenz der Annahme des Homo oeconomicus.

Ein weiterer Vorteil unseres Vorgehens ist, dass Verhaltenssegmente differenziert analysiert werden können: Auch wenn die Ampelwerte in der hier vereinfachten Form nur gewichtete Werte wiedergeben, zeichnet sich dennoch ab, dass die Preissensitivität bei Neuabonnenten deutlich höher ist. Hier liegt der Vertriebsleiter aus dem fiktiven Sitzungprotokoll mit seinem Bauchgefühl richtig: Erhöht man die Preise, muss der Verlag zunächst mit Problemen bei der Akquise rechnen, nicht im Abonnentenstamm. Im Zuge der Analyse wird deshalb auch die Frage beantwortet, mit welchen Akquisemodellen diese höhere Preissensitivität ausgeglichen werden kann. Daher wird der gesamte Entscheidungsprozess und die Rolle aller Kriterien, nicht nur die des Preises berücksichtigt.

Unsere Empfehlung: Preiserhöhung statt Preissenkung!

Auf Basis dieser hier nur beispielhaft und verkürzt dargestellten Analyse haben wir unserem Kunden von einer Preissenkung abgeraten. Im Gegenteil: Wir gaben unter anderem die Empfehlung, die Abo-Preise um sage und schreibe 12 Prozent zu erhöhen. Das war etwa drei- bis viermal so viel wie bisher üblich. Am Ende konnten wir den Verlag von dieser Maßnahme überzeugen, weil jeder Interpretationsschritt vollkommen transparent und damit diskussionsfähig war. Diese Entscheidung hat sich für den Verlag mehr als bezahlt gemacht:

➤ *Auflage:* Wie vorhergesagt, hat sich die Auflage auch mittel- und langfristig höchstens minimal verändert. Sonstige Reaktionen auf die Preiserhöhung waren ebenso unmerklich.

➤ *Gewinn:* Der Effekt auf das Unternehmensergebnis war gewaltig: Aufgrund der Preiserhöhung wurde auf Jahresbasis ein Zusatzgewinn von über 7 Millionen Euro erzielt.

➤ *Return on Investment (ROI):* Das recht aufwendige Projekt hat sich innerhalb von sechs Tagen bezahlt gemacht. Der ROI lag allein im ersten Jahr bei rund 7.000 Prozent.

Seit diesem ersten Projekt haben wir für rund 50 Zeitungs- und Zeitschriftentitel die Preise für Einzelverkauf und die verschiedenen Abo-Formen entwickelt. Das Instrument hat sich in kurzer Zeit so weit verfeinert, dass wir ein standardisiertes Tool entwickeln konnten, das prozentgenau die Effekte von Preiserhöhungen, Umfangsveränderungen und unterschiedlichen Akquisemodellen vorhersagen kann. Obwohl jedes einzelne Projekt unterschiedliche Ergebnismuster und Empfehlungen brachte, hatten die folgenden Erkenntnisse in den meisten Fällen Bestand. Sie stehen einerseits in scharfem Widerspruch zu den impliziten Annahmen in der Verlagsbranche und bestätigen andererseits die Erkenntnisse der Behavioral Economics, welche die Grundlage der Tool-Entwicklung waren:

➤ *Preis:* Die Abonnenten kennen den Preis kaum und wenn, dann meist nicht genau.

➤ *Wettbewerb:* Der Preis des Wettbewerbers ist dem Leser meist nicht nur völlig unbekannt, sondern für ihn zudem vollkommen irrelevant. Eine Zeitung oder eine Zeitschrift wird selten preisabhängig gekauft oder abonniert. Hier sind Titel, Inhalte und Gewohnheiten viel entscheidendere Faktoren. Welcher eingeschworene *SZ*-Leser würde schon zur *FAZ* wechseln, nur weil diese günstiger ist – und umgekehrt?

➤ *Akquise:* Abonnenten werden nicht in erste Linie zu Abonnenten, weil sie Rabatte oder eine Prämie erhalten. Eine Ausnahme bilden hier die Studenten, wie wir im nächsten Punkt erläutern werden. Der primäre Grund für ein Abo ist Bequemlichkeit – man möchte die Zeitung nicht jeden Tag am Kiosk kaufen müssen. Unabhängig davon werben die Verlage hartnäckig mit Prämien und Rabatten für ein Abo. Allzu attraktive Prämien werden hingegen eher zum Kündigungsgrund bei Bestandsabonnenten und verringern die eigentliche Produktwertschätzung beim Neuabonnenten.

➤ *Gestaltungselemente:* Die Bewertung einer Preiserhöhung hängt außerordentlich stark von der Perspektive ab: Blickt man auf den absoluten Preis, die Preiserhöhung oder Rabatte, ergibt sich eine völlig andere Preissensitivität. Studenten beispielsweise sind im Vergleich zu normalen Abonnenten in Bezug auf den Preis weniger sensitiv als in Bezug auf den Rabatt, den sie erhalten. Preisstrategisch ist dies für diese Zielgruppe der entscheidendere Punkt als der absolute Preis. Sie verhalten sich wie klassische Schnäppchenjäger.

➤ *Kommunikation:*Leser haben in aller Regel überhaupt keine Erinnerung an die letzte Preiserhöhung, weder an die Höhe noch an den Zeitpunkt. Rein rechtlich wird die Preiserhöhung durch eine Änderung der Allgemeinen Geschäftsbedingungen bzw. der Preisliste umgesetzt, auf die in der Zeitung hingewiesen wird (»Impressum«). In der Regel wird dies jedoch vom Leser nicht wahrgenommen. Den einzigen Effekt, den ein Erklärungsschreiben des Chefredakteurs in dieser Situation erreicht, ist, dass mehr Leser die Preiserhöhung überhaupt erst mitbekommen – ein durchaus diskussionswürdiger Effekt.

➤ *Produktumfang:* Der Hauptkündigungsgrund war in keinem Fall der Preis, sondern vielmehr die Tatsache, dass die Leser den Umfang der Zeitung nicht mehr bewältigen konnten und es aus ihrer Sicht Verschwendung war, ständig so viel Ungelesenes wegzuwerfen und dafür auch noch zu bezahlen. Das bedeutet gleichzeitig, dass es keinen Sinn macht, eine Preiserhöhung mit einer gleichzeitigen Steigerung des Umfangs zu rechtfertigen. Im Gegenteil: Diese Schlussfolgerung provoziert sogar die Kündigungsabsicht, da sich das Preis-Nutzungs-Verhältnis in den Augen des Abonnenten verschlechtert.

Wie Leser entscheiden, hat oft wenig damit zu tun, was ein Homo oeconomicus tun würde. Eine Strategie, die das nicht berücksichtigt, wird die vorhandenen Potenziale nicht ausschöpfen können. Um sie zu entdecken, muss man die ausgetretenen Pfade verlassen und die Erkenntnisse der Behavioral Economics konsequent auf Inhalt, Design und Analyse anwenden. Wenn man die Behavioral Economics der Leser wirklich verstanden hat und diese Erkenntnisse konsequent in der Preis-, Produkt- und Vertriebspolitik anwendet, eröffnen sich bisher ungeahnte Gewinnpotenziale. Gerade in der Verlagsbranche, die seit Jahren unter Auflagenrückgängen leidet, kann die Ausschöpfung dieser bisher nicht genutzten Gewinnpotenziale den Unterschied zwischen dem Überleben oder der Schließung eines Verlagshauses machen.

4.3 Praxisbeispiel Produkt: Angebotsoptimierung

Dieses Projekt wurde 2005 mit dem Preis der Deutschen Marktforschung als »Beste Studie« ausgezeichnet.

Dieses Beispiel kommt aus der Reisebranche und beschäftigt sich damit, wie Reiseangebote gestaltet und online kommuniziert werden müssen, um dem Kunden die Kaufentscheidung im Internet möglichst leicht zu machen. Im Kern geht es darum, der Branche eine Sprache zu geben, die der Kunde versteht, und es ihm zu ermöglichen, die Produkte zu finden, die seinen Bedürfnissen entsprechen. Ausgangspunkt war, dass die klassische Suchmaschine als Gatekeeper zu den Online-Reiseangeboten völlig an den Kundenbedürfnissen vorbeiging, weil sie auf Basis der »Anbietersprache« und nicht in »Kundensprache« arbeitet.

Die motivorientierte Suchmaschine, die daraufhin entwickelt wurde, hat dieses Problem elegant gelöst. Mit ihr können dem Kunden die Reiseangebote in seiner eigenen Logik und Sprache präsentiert werden, was für ihn die Entscheidung deutlich vereinfacht, und unseren Kunden mit einer deutlichen Steigerung der Conversion-Rate belohnt hat.

In Bezug auf die Anwendung von Behavioral Economics und unserer Toolbox verdeutlicht dieses Fallbeispiel zwei Aspekte: erstens den Mehrwert des Wechsels zur Kundenperspektive und zweitens die Bedeutung einer fundierten und stringent weitergedachten Motivanalyse, also der ersten Ebene des psychologischen Entscheidungsprofils.

Reisen sind emotional stark aufgeladene Produkte. Für viele ist der Urlaub der Höhepunkt des Jahres. Gleichzeitig ist die Produktvielfalt vollkommen unüberschaubar. Sie reicht vom reinen Badeurlaub und Wellness-Wochenenden über bildungsorientierte Städtereisen bis hin zur actionreichen Alpenüberquerung. Doch so emotional das Thema Reisen ist, so trocken ist oft der Weg zum Angebot. Die Suchmaschinen, die von Reiseanbietern im Internet eingesetzt werden und ohne die man sich kaum einen Überblick über die ungeheure Menge an Angeboten verschaffen kann, basieren alle auf einer indirekten Suche. Der Kunde muss also seine Bedürfnisse in rein formale Angebotsmerkmale wie Reisedatum, Zielort et cetera übersetzen, auf denen alle Suchmaschinen aufbauen. Dies entspricht aber keineswegs den Kundenbedürfnissen, denn eine Untersuchung des psychologischen Entscheidungsprozesses bei den Kunden ergab, dass diese in ganz anderen Kategorien denken.

Kunden denken nicht wie Suchmaschinen

Die Grundidee, um den Kaufentscheidungsprozess des Kunden im Sinne des Unternehmens zu beeinflussen, besteht also darin, dass nicht die Kunden lernen müssen, sich wie die Unternehmensdatenbanken auszudrücken, sondern umgekehrt: Die Datenbank muss lernen, den Zusammenhang zwischen Kundenbedürfnis, Angebotsprofil und Kundenzufriedenheit zu verstehen. Dieses Wissen und seine Anwendung sind von zentraler strategischer Bedeutung für die künftigen Marktanteile von Unternehmen, ihren Produkten und Dienstleistungen. Der Kunde möchte beispielsweise einfach nur irgendwann im Juli oder August ein romantisches Wochenende zu zweit in einer netten Stadt in einem warmen europäischen Land verbringen. Er sieht sich jedoch mit einer Eingabemaske konfrontiert, die nach einem speziellen Zielflughafen und genauen Abreisetag fragt.

Wenn es dem Kunden egal ist, ob die Reise nach Madrid, Paris oder Rom geht, und er dieses Wochenende ebenso Zeit hat wie nächstes oder übernächstes Wochenende, dann gestaltet sich die Suche ziemlich aufwendig. Der Kunde muss dann nämlich jedes theoretisch denkbare Reiseziel kennen und alle Reiseziele der Reihe nach für alle potenziellen Reisetermine durchgehen. Und selbst ein Kunde, der diese Zeit investiert, kommt nicht unbedingt zu einem sinnvollen Ergebnis. Denn möglicherweise sind im kommenden Monat alle Flüge in den Süden ausgebucht, aber für Kopenhagen gäbe es interessante Angebote. Da der Kunde aber nicht explizit danach sucht, wird er diese Angebote nicht finden können – und letztendlich entweder gar nicht buchen oder sich mit einer suboptimalen Lösung zufriedengeben.

In ausgesprochenem Gegensatz zur Emotionalität und Individualität eines Urlaubs steht der Kaufentscheidungsprozess: das »Suchen und Buchen«. Diese Diskrepanz wird insbesondere bei Reiseanbietern im Internet offensichtlich: Vor die Erfüllung des Urlaubswunschs haben die Reiseanbieter die Suchmaschine gesetzt. Sie ist der zentrale »Gatekeeper« zu all den schönen Angeboten, denn eine systematische Suche in den oft zigtausend Angeboten ist ohne Suchmaschine hoffnungslos. Aus Kundensicht basieren bislang alle Suchmaschinen in der Touristik auf einer indirekten Zuordnung von Nachfrage und Angebot. Indirekt bedeutet hier, dass der Kunde seine Bedürfnisse zunächst in konkrete und eher formale Angebotsmerkmale (zum Beispiel Zielort, Hotel, Abflugort, Datum oder Reisedauer) übersetzen muss, um auf dieser Basis die Suche starten zu können. Der Reiseanbieter durchsucht dann anhand dieser Kriterien seine Angebotsdatenbank (siehe Abbildung 4.4).

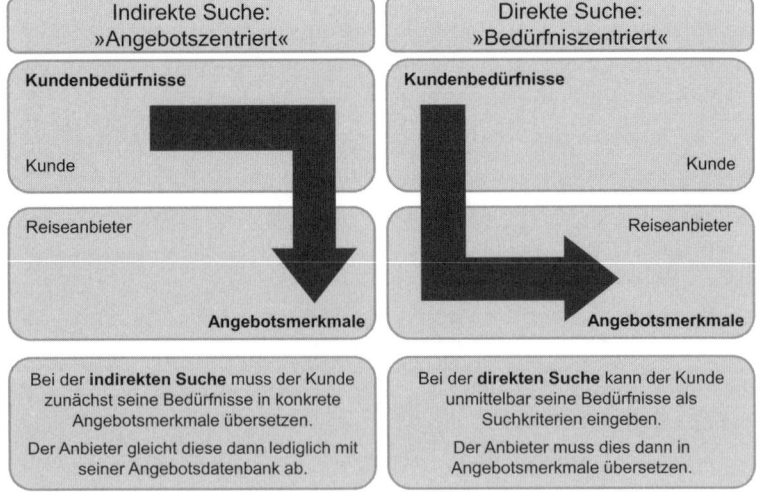

Abbildung 4.4: Indirekte Suche versus direkte Suche

Die indirekte Suche erleichtert dem Anbieter zwar das »Matching« von Kunde und Angebot; aus Kundensicht ist diese Form der Suche aber wenig intuitiv, denn er kauft letztlich keine Angebotsmerkmale, sondern in erster Linie die Befriedigung seiner Bedürfnisse – welche Merkmale auch immer dafür notwendig sind. Außerdem stehen diese formalen Kriterien nicht unbedingt von Anfang an fest, der Kunde will sich oft erst inspirieren lassen oder etwas Neues kennenlernen. Es geht also nicht in erster Linie darum, ein bestimmtes Abflugdatum einzuhalten, sondern darum, das Urlaubsangebot zu finden, das am besten auf die individuellen Bedürfnisse zugeschnitten ist.

Die derzeitigen Suchmaschinen beruhen also darauf, dass jeder schon vorher wissen muss, was er sucht, sonst findet er nichts. Das macht keinen Spaß und inspiriert noch weniger. Aber gerade Spaß soll ein Urlaub doch machen – und zwar bereits die Entscheidung dafür! Aus diesem Grund hat L'TUR als erster Reiseanbieter eine Suchmaschine entwickelt, die auf Basis persönlicher Bedürfnisse die individuell passende Reise für jeden Kunden findet.

MOPS – die motivorientierte persönliche Suche

Eine direkt bedürfnis- oder motivorientierte Suche entspräche somit viel eher dem Entscheidungsprozess des Kunden. Suchkriterien sollten exakt diese Bedürfnisse und Motive sein. Die Übersetzung der Bedürfnisse in Produktmerkmale wäre dann nicht mehr Aufgabe des Kunden, sondern die des Anbieters. Über die Qualität, mit der er diese Aufgabe erfüllt, kann er sich im Wettbewerb differenzieren. Mit dieser Ausgangsüberlegung war auch das strategische Ziel unseres Projekts klar definiert: L'TUR wollte als erster Reiseanbieter seinen Kunden eine alternative Suchmaschine anbieten, die auf Basis persönlicher Bedürfnisse und Motive arbeitet. Sie sollte bereits die ersten Schritte zum Erlebnis machen, sie sollte inspirieren und emotionalisieren. Sie sollte in einem eigenen Begriffs- und Typensystem arbeiten, welches die Kunden langfristig an L'TUR bindet.

Die *motivorientierte persönliche Suche* (kurz MOPS) wurde im Rahmen eines Marktforschungsprojekts mit insgesamt drei aufeinander aufbauenden Stufen über neun Monate hinweg entwickelt. Dabei wurden sowohl Primär- als auch Sekundärstudien durchgeführt, deren Ergebnisse jeweils unmittelbar in die Verfeinerung des Such- und Matching-Algorithmus eingeflossen sind.

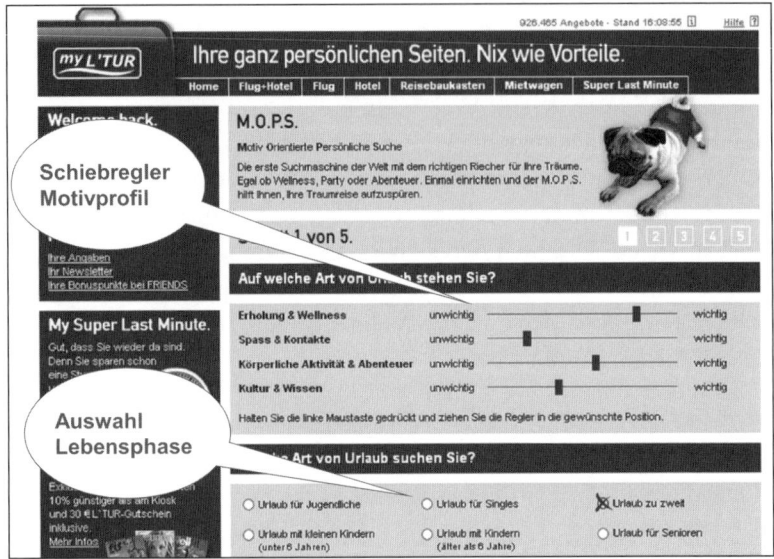

Abbildung 4.5: Die MOPS-Eingabemaske

Stufe 1: Kategorien in Kundensprache statt Datenbanksprache

In der ersten Ausbaustufe konnten die Kunden sich und ihre Erwartungen an den Urlaub mithilfe vorgegebener Kategorien beschreiben. Dazu zählten Bedürfnisse wie »einfach nur erholen«, »Land und Leute kennen lernen«, »Wellness-Angebote nutzen«, »Sport treiben« oder »Kultur erleben« oder Angaben zur Lebensphase wie zum Beispiel »Single« oder »junge Familie«. Gleichzeitig wurde von L'TUR jedes seiner Angebote danach charakterisiert, wie gut die einzelnen Motive dort befriedigt werden und für welche Lebensphase der Ort oder das Hotel am besten geeignet ist. Als Ergebnis der Suche wurden dann Angebote geliefert, die zum einen die gleiche Motivreihenfolge wie der

Kunde hatten und zum anderen für dessen Lebensphase geeignet waren. Jedes Angebot wurde zudem mit einem Index versehen, der angab, wie gut das Suchprofil auf das Angebot passte.

Schon in der ersten Ausbaustufe erzielte MOPS bei den Kunden einen enormen Erfolg: 91 Prozent nutzten MOPS als Möglichkeit, sich inspirieren zu lassen. Über 95 Prozent waren der Meinung, dass MOPS individuell passendere Ergebnisse liefere als die klassische Suche, und die Conversion-Rate vom Suchen zum Buchen war doppelt so hoch wie bei der klassischen Suche. Aufgrund des durchschlagenden Erfolgs installierte L'TUR in über 100 Shops in Deutschland MOPS-Terminals. Dort können die Kunden sich schon vor dem persönlichen Beratungsgespräch einen ersten Eindruck von passenden Angeboten verschaffen. Bereits bei dieser ersten Stufe verdoppelte sich die Conversion-Rate vom Suchen zum Buchen.

Im zweiten Schritt wurden über Cluster- und Faktorenanalysen die Bedürfnisse der Kunden zu insgesamt 12 Urlaubstypen zusammengefasst. Die MOPS-Suchmaschine aggregierte mit jedem Suchprozess Informationen über die spezifischen Bedürfnisse der L'TUR-Kunden. Im Laufe weniger Monate konnten damit on- wie offline weit über 25.000 komplett ausgefüllte Suchfragebögen gesammelt werden. Sie bildeten die Grundlage einer hierarchischen Motivsegmentierung. Dabei wurden iterativ verschiedene multivariate Analyseverfahren angewandt, um die trennscharfen Segmente herauszuarbeiten. Daraus gingen fünf Hauptcluster mit insgesamt zwölf Motivsegmenten hervor. Aufgrund der sehr hohen Fallzahl konnte diese verhältnismäßig große Menge an Segmenten sehr trennscharf beschrieben werden.

Stufe 2: Zuordnung zu Motivsegmenten

Die Motivsegmente bildeten die Grundlage für den Matching-Algorithmus der zweiten Stufe: Kunden und Angebote wurden einander nun nicht mehr rein logisch aufgrund übereinstimmender Motivrangfolgen, sondern aufgrund empirisch fundierter Motivsegmente zugeordnet. Der Nutzer wurde auf Basis seiner Antworten einem der zwölf Segmente zugewiesen. Die Angebote, die intern schon in der ersten Phase entlang der gleichen Motivkategorien und Lebensphasen bewertet worden waren, wurden jetzt anhand analoger Segmentierungsregeln ebenfalls einem Segment zugeordnet. So lieferte der Matching-Algorithmus als Ergebnis diejenigen Reiseangebote, die dem gleichen Segment zugeordnet waren wie der Nutzer. Der Suchalgorithmus wurde zudem durch einige zusätzliche Filtermöglichkeiten ergänzt, die eine noch passgenauere Suche ermöglichten.

Die Motivsegmentierung als Grundlage des Matching-Algorithmus hatte unmittelbar drei positive Konsequenzen: Erstens konnte nun mit deutlich weniger, aber passenderen Segmenten gearbeitet werden, weil sich deren Anzahl nun inhaltlich und empirisch und nicht mehr rein kombinatorisch ergab (Anzahl möglicher Motivrangfolgen mal Anzahl Lebensphasen). Damit konnte zweitens die Anzahl passender Suchergebnisse je Segment gesteigert werden. Und drittens konnte der Suchfragebogen gekürzt werden, weil statistisch redundante beziehungsweise für die Segmentierung irrelevante Fragen gestrichen wurden. Mit Abschluss der zweiten Phase konnte so ein in quantitativer wie qualitativer Hinsicht deutlich verbesserter Algorithmus implementiert werden.

Stufe 3: Zufriedenheit mit dem Urlaub

Als Vorbereitung zur Einführung der dritten Stufe von MOPS wurden die Urlaubsheimkehrer, die über MOPS gesucht hatten, nach ihrer Zufriedenheit mit ihrem Urlaub befragt. Diese Zufriedenheitsdaten werden bei künftigen Reisevorschlägen berücksichtigt, sodass der Kunde nun nicht mehr die Angebote bekommt, die L'TUR als für ihn passend eingestuft hat, sondern er erhält diejenigen Angebote, mit denen Kunden, die das gleiche Motivprofil haben wie er, de facto am zufriedensten waren. So profitiert jeder Kunde gezielt von den kollektiven Erfahrungen aller Kunden seines Segmentes. L'TUR definiert also in Zukunft nur die Segmente und stellt die Zufriedenheitsdaten in Form eines selbstlernenden Matching-Algorithmus allen Kunden zur Verfügung. Dies ist nicht nur in der Touristik bislang einzigartig, es geht auch weit über die sonst üblichen, sehr erfolgreich eingesetzten Empfehlungssysteme hinaus, wie man sie beispielsweise von Amazon kennt.

Durch die dynamische Rückkopplung wird ein Kernproblem klassischer Segmentierungsansätze gelöst. Klassische Kundensegmentierungen ordnen Kunden entlang bestimmter Kriterien, wie etwa Psychografie, Soziodemografie et cetera, bestimmten Segmenten zu. Problematisch dabei ist, dass der Zusammenhang zwischen den beschreibenden Segmentierungsvariablen und tatsächlichem Kundenverhalten meist nicht in die statische Segmentierung einfließt und infolgedessen häufig schwach ist. Durch Rückkopplung der angebotsspezifischen Zufriedenheit wird eine rein deskriptive Kundensegmentierung mit den segmentspezifischen Erfahrungen beziehungsweise Empfehlungen aller Kunden verbunden. Auf Basis tatsächlicher segmentspezifischer Zufriedenheiten wird diese Zuordnung kontinuierlich optimiert. Erst durch die Verbindung mit dem Kaufverhalten wird die Segmentierung für L'TUR tatsächlich handlungsrelevant.

So bietet MOPS innerhalb von Sekunden, was im Reisebüro lange Beratungsgespräche oder Verfügbarkeitsabfragen voraussetzen würde: individuelle Urlaubsalternativen, die sich an den persönlichen Motiven des Suchenden sowie der Zufriedenheit bisheriger Kunden orientieren und sofort online buchbar sind. Was dem Kunden beim gesuchten Urlaub wichtig ist, weiß MOPS nach wenigen Maus-Klicks des Nutzers: durch das Verschieben von Reglern und die Auswahl von Bildern. Das Programm checkt im Hintergrund die Informations- und Buchungsdatenbank von L'TUR nach verfügbaren Angeboten, die diesem Profil entsprechen, und präsentiert nach wenigen Sekunden mehrere Vorschläge in verschiedenen Preiskategorien. Bereits im ersten Jahr wurde die neue Suchmaschine von über 100.000 Urlaubssuchenden genutzt.

MOPS hat weitreichende strategische Konsequenzen für L'TUR und beeinflusst den Vertrieb von Reisen an den Endverbraucher genauso wie den Einkauf zukünftiger Reiseangebote und die Zusammenarbeit mit Hotels und Fluggesellschaften. Die MOPS zugrunde liegende Kundensegmentierung ist nicht nur die Basis für die Verfeinerung des Matching-Algorithmus, sie ist auch die erste L'TUR-Kundensegmentierung in dieser Größenordnung (n > 25.000). Ihre Ergebnisse finden inzwischen Niederschlag in allen Vertriebsaktivitäten – online wie offline. L'TUR als Gesamtunternehmen denkt und handelt in diesen Segmenten.

Die Segmentierung ist insbesondere bei der Steuerung des Direktmarketings von zentraler Bedeutung: Die Kenntnis der Motivprofile der Kunden erlaubt L'TUR eine gezieltere Ansprache und garantiert eine höhere Erfolgsquote der Maßnahmen. Daher werden jetzt auch konsequent alle bestehenden Kunden regelmäßig auf MOPS aufmerksam gemacht und dazu eingeladen, ihr Profil zu vervollständigen. Die Einbindung der Shops und die Installation von über 100 Terminals hat der Suchmaschine aus der Online- in die Offline-Welt verholfen und gibt L'TUR die Möglichkeit, über alle Vertriebskanäle ein nahtloses und einheitliches Leistungsprofil zu bieten.

Doch nicht nur im Vertrieb, sondern auch im Einkauf zeigt MOPS weitreichende Implikationen. Die Kenntnis der Motivsegmente, ihrer Größe und vor allem der segmentspezifischen Attraktivität einzelner Angebote bildet die zentrale Richtschnur für den gezielten Einkauf bestimmter Hotel- und Flugkontingente. Die Zufriedenheitsergebnisse, die im Rahmen von MOPS kontinuierlich gesammelt werden, sind zudem Grundlage für die gezielte Beratung der präferierten Hotelpartner. Dies sichert langfristig gute Kontakte und Konditionen – denn von diesen Informationen profitieren beide Seiten.

Durch die konsequente Umsetzung der Marktforschungsergebnisse in den Bereichen Vertrieb, Marketing und Einkauf ist es L'TUR gelungen, den vollen Nutzen aus diesem Marktforschungsprojekt zu ziehen und alle Unternehmensbereiche konsequent am psychologischen Entscheidungsprozess des Kunden zu orientieren.

4.4 Praxisbeispiel Marke: ROI-Optimierung des Marketingmix

In diesem Fall ging es darum, die Investitionen eines Mobilfunkanbieters in unterschiedliche Marketinginstrumente gegeneinander abzuwägen. Durch ein ganzheitliches Verständnis des Kaufentscheidungsprozesses sollte die Frage beantwortet werden, wann welche Maßnahme mit welcher Intensität eingesetzt werden muss, um möglichst viele, möglichst attraktive Kunden zu gewinnen. Der Return on Investment sollte nicht nur lokal, sondern über den gesamten Marketingmix optimiert werden.

Dieses Fallbeispiel zeigt nicht nur, wie diese sehr fundamentale strategische Frage direkt beantwortet werden kann, sondern es ist auch besonders gut geeignet, um den Mehrwert einer entscheidungsnahen Längsschnittstudie zu verdeutlichen: Diese Methode analysiert den realistischen Entscheidungsverlauf über die Zeit, denn Entscheidungen sind nicht statisch, sondern dynamisch, und die Relevanz einzelner Entscheidungskriterien kann sich im Laufe des Prozesses verändern. Diese Dynamik kann aber mit herkömmlichen, auf simultane Trade-offs fokussierten Forschungsansätzen nicht erfasst werden, welche die Entscheidungen, die sie zu verstehen suchen, allzu oft rationalisieren und verkürzen.

Die Dynamik suboptimalen Entscheidungsverhaltens oder auch die Vermeidung von Entscheidungen kann also mit klassischen Methoden nicht simuliert werden. Beides kann nur im Längsschnitt verstanden werden, und zwar insbesondere dann, wenn man dabei wieder trennscharfe Verhaltenssegmente differenziert und die reale Entscheidung erfasst. Eine wirkliche 360-Grad-Entscheidungsanalyse wird schließlich daraus, wenn auch die Rolle des Anbieters entsprechend beleuchtet wird, wie es in diesem Fall mithilfe einer systematischen Analyse des Beraterverhaltens im Shop geschehen ist.

Ziel des Projekts war es, Maßnahmen und vor allem Budgets des Marketingmix im Mobilfunkbereich in ihrer letztlichen Wirkung auf die Kaufentscheidung gegeneinander abzuwägen und zu priorisieren. Damit waren nicht mehr nur themenspezifische Optimierungen möglich, sondern es wurden Maßnahmen verglichen, die bislang nur isoliert betrachtet werden konnten, weil sie die Kaufentscheidung in völlig unterschiedlicher Weise beeinflussen. So konnten beispielsweise die Investitionen in Kommunikationsmaßnahmen, die Preisgestaltung des Produkts, das Budget für Provisionen im Handel oder der Aufwand für den Betrieb eigener Shops direkt gegeneinander priorisiert werden.

Der Mobilfunkanbieter stellte sich konkret folgende Frage: »Sollen wir in die flächendeckende Verteilung von Werbeflyern investieren oder eher die Provisionen der Verkäufer erhöhen, und können wir dafür die Subventionierung der Endgeräte verringern oder gar den weiteren Netzausbau verzögern, ohne die Tarife weiter senken zu müssen?« Die genannten Fragen verknüpften zwar die Optimierungen sehr unterschiedlicher und deshalb traditionell getrennt analysierter Marketingmaßnahmen. Sie taten dies jedoch vor dem Hintergrund eines gemeinsamen Bezugssystems, denn alle Marketingmaßnahmen zielen auf eines ab: die Beeinflussung der Kaufentscheidung. Die fundierte Analyse des Entscheidungsprozesses ist damit die Voraussetzung, um die verschiedenen Maßnahmen gegeneinander abwägen zu können. Das folgende Beispiel eines typischen Entscheidungsprozesses im Mobilfunkmarkt veranschaulicht die Notwendigkeit dieses Perspektivenwechsels, um Auslöser, Ablauf und Abhängigkeiten der Einflussfaktoren im Entscheidungsprozess zu verstehen.

Entscheidungsprozess für einen Mobilfunkanbieter aus Kundensicht

Christian Frey findet in seinem Briefkasten einen Werbeflyer von Mobilfunkanbieter B. Ihm fällt darin ein besonders schickes und offensichtlich günstiges Handymodell ins Auge. Er kommt ins Grübeln und fragt sich, ob er seinen aktuellen Vertrag bei Anbieter A nicht vielleicht überdenken sollte. Frey fängt an, sich umzusehen, und sucht als Nächstes einen unabhängigen Shop auf, um sich zu informieren, wie teuer dieses Telefon bei den einzelnen Anbietern ist. Der Verkäufer dort versucht ihn davon zu überzeugen, seinen Vertrag bei A zu verlängern – obwohl dieser das gesuchte Handymodell als Einziger nicht sofort liefern kann. Frey informiert sich daraufhin im Internet über Tarife, weil er sich dort objektivere und detailliertere Informationen erhofft. Daraufhin schließt er Anbieter C aus, weil dieser deutlich teurer ist. Zuletzt holt er sich noch Tipps bei Freunden, welcher Anbieter ihrer Meinung nach die beste Netzqualität hat, und ist schon fast entschlossen seinen Vertrag trotz längerer Lieferzeit bei Anbieter A zu verlängern, weil ihm von Anbieter B abgeraten wird. Nun stellt er aber fest, dass die meisten seiner Freunde bei Anbieter D sind. Dessen niedrige Tarife für netzinterne Gespräche überzeugen ihn, und so wechselt er letztlich von A zu D.

Das Beispiel verdeutlicht die Dynamik von Kaufentscheidungen. Sie ziehen sich in oft charakteristischen Stufen über einen mehr oder weniger langen Zeitraum hin, in dem kontinuierlich neue Informationen verarbeitet werden. Je nach Phase des Entscheidungsprozesses sind einzelne Aspekte systematisch wichtiger als andere: So war zunächst das Handy der Auslöser, entschieden hat sich unser Beispielkunde am Ende aber aufgrund der Netzqualität und der Tarife. Im Laufe des Prozesses werden unterschiedliche Entscheidungsregeln angewandt, wie wir sie aus Behavioral Economics kennen, und als Folge davon auch Präferenzen geändert, wie es auch unser Beispielkunde wiederholt tut. Dabei spielen bewusste wie unbewusste, vorhersehbare wie unvorhersehbare Einflussfaktoren eine wichtige Rolle, denn wäre zum Beispiel der Werbeflyer nicht im Briefkasten unseres Kunden gelandet, hätte er vielleicht nie daran gedacht, seinem Anbieter »untreu« zu werden.

Sie sehen also, dass die isolierte Analyse einzelner Themen (Werbung, Verkäuferprovisionierung, Handymodelle, Tarife und Netzqualität), auf welche die klassischen Marktforschungsansätze und Trackings typischerweise abzielen, unzureichend ist, um deren effektive Bedeutung in Bezug auf die finale Kaufentscheidung abzuschätzen. Ebenso klar ist, dass selbst Methoden, die eigens entwickelt wurden, um die Wichtigkeit unterschiedlicher Einflussfaktoren zu quantifizieren – insbesondere Conjoint-Measurement-Ansätze –, die Komplexität, wie sie in unserem Beispiel zutage tritt, nicht angemessen abbilden können: Conjoint-Measurement-Analysen können weder die Bedeutung entscheidungsauslösender Faktoren simulieren noch die natürliche Dynamik des sich anschließenden Entscheidungsprozesses abbilden.

Die schwankende Wichtigkeit einzelner Entscheidungskriterien wird genauso ausgeblendet wie die Tatsache, dass viele Menschen Entscheidungen treffen ohne über alle Produkte und Preise informiert zu sein. Stattdessen wird die Bedeutung der Produkteigenschaften auf stabile Teilnutzenwerte reduziert, die in einer statischen Erhebungssituation ermittelt werden, in der dem Befragten gleichzeitig alle relevanten Informationen in gut aufbereiteter Form vorgegeben werden. Diese Vorgehensweise und die elaborierten Auswertungs- und Simulationsalgorithmen mögen bei vielen Fragestellungen optimal sein. Hier sind sie es sicher nicht.

Welche Voraussetzungen müssen erfüllt werden, damit der Entscheidungsprozess verschiedener Kunden umfassend, möglichst unverfälscht, aber dennoch standardisiert und mit vertretbarem Aufwand erhoben werden kann? Grundlage für die verlässliche Vorhersage und die effiziente Beeinflussung der Kaufentscheidung war die Kenntnis der verschiedenen Entscheidungsphasen und Entscheidungsprozesstypen. Es galt zu verstehen, was einen Entscheidungsprozess anstoßen, was ihn verzögern oder abbrechen kann. Es musste analysiert werden, wann welche Themen besonders wichtig sind, das heißt in welcher Stufe welche Kundentypen auf welche Themen sensibel reagieren (»sensible Phasen«). Um verschiedene Entscheidungsverläufe herauszuarbeiten, sind komplexe Auswertungsmethoden erforderlich, mit denen bedingte Wahrscheinlichkeiten analysiert und auf aggregierter Ebene Typen unterschiedlicher Prozessverläufe extrahiert und quantifiziert werden können.

Anforderungen an Methode und Design des Tools

Mit dem Wissen, wie häufig welche Entscheidungstypen auftreten, welcher Prozesslogik sie folgen und wie attraktiv sie sind, können Marketingmaßnahmen und -investitionen gezielt priorisiert werden. Um diese Analysen jedoch verlässlich erstellen zu können, müssen Methode und Design des Tools folgende vier Anforderungen erfüllen:

1. *Mit experimentellem Design alle Einflussfaktoren quantifizieren:* Nur durch die experimentelle Kontrolle relevanter Entscheidungssegmente (zum Beispiel Differenzierung von Erst-, Bestands- und Wettbewerbskunden) und durch die quasi-experimentelle Kontrolle realistischer, aber unvorhersehbarer oder unbewusst wirkender Faktoren (wie zum Beispiel dem Einfluss des Werbeflyers) lassen sich sogar Faktoren verlässlich quantifizieren, die im klassischen Marktforschungskontext nicht angemessen erfasst werden können.

2. *Mit Längsschnittanalysen individuelle Entscheidungsprozesse unverzerrt nachzeichnen:* Entscheidungen können nur aus ihrem individuellen Prozess heraus verstanden werden. Um individuelle Entscheidungsprozesse vom ersten Auslöser bis zum Abschluss nachzuverfolgen, sind realitätsnahe vernetzte Erhebungen mit Messwiederholungen unerlässlich, da eine einmalige entscheidungsferne Befragung nicht ausreicht, um die individuelle Psycho-Logik des Entscheidungsverlaufs zu erfassen. Die Methode muss so flexibel sein, dass die individuellen Phasen, Rückgriffe und Entscheidungsregeln vollständig abgebildet werden können. Die Komplexität des Prozesses darf erst in der anschließenden Auswertung, nicht bereits bei der Datenerhebung reduziert werden.

3. *Durch Einbeziehung von Entscheidungsberatern deren Einfluss, Verhalten und Bedürfnisse konkretisieren:* Die direkte Beeinflussung des Entscheidungsprozesses durch Verkäufer, Agenten oder Berater ist erfolgskritisch. Nicht nur weil sie de facto mitentscheiden, sondern weil sie durch die Anbieter zumindest indirekt gesteuert werden können. Um konkrete Einflussmöglichkeiten des Beraters, seine eigenen Präferenzen, Motivationen, Verkaufsstrategien und die Maßnahmen, durch die er am effizientesten gesteuert werden kann, zu eruieren, muss dieser kritische Prozessbeteiligte explizit in die Analyse einbezogen werden.

4. *Durch Erfassung der finalen Entscheidung nicht nur Absichten, sondern konkretes Verhalten valide vorhersagen:* Klassische Marktforschungsprodukte analysieren bestimmte Themen und versuchen, auf Basis von geäußerten Präferenzen oder Absichten deren Einfluss auf die zukünftige Kaufentscheidung vorherzusagen. Diese Vorhersage auf Basis von Was-wäre-wenn-Fragen ist naturgemäß fehleranfällig. Im wirklichen Leben entscheiden sich Kunden oft kurzfristig um, sie verzögern oder brechen die Entscheidung unvermittelt ganz ab. Der Einfluss verschiedener Faktoren kann nur dann valide bestimmt werden, wenn auch die finale Entscheidung beziehungsweise deren Abbruch, Vermeidung oder Verzögerung erfasst werden.

Das experimentelle Design, das den Modulen zugrunde lag, erlaubte die Kontrolle aller relevanten Einflussfaktoren – vor allem solcher, die ansonsten nicht erfragt werden können. So wurde zum einen über die Quotierung der Stichproben sichergestellt, dass verschiedene Kundensegmente (zum Beispiel nach Attraktivität oder Kundenstatus) enthalten waren, oder dass in der Ausblick-Befragung die Frist bis zum Vertragsende des Kunden gezielt variiert wurde. Zum anderen wurde durch die automatisch gegebene Variation dessen, was die Befragten bis zum jeweiligen Befragungszeitpunkt erlebt hatten, zum Beispiel Wahrnehmung von Werbung, kritische Ereignisse wie Netzprobleme oder Empfehlungen von Freunden, die Grundlage für die Quantifizierung des Einflusses dieser ansonsten kaum fassbaren Faktoren gelegt.

Durch die zeit- und situationsnahe Zweifachbefragung desselben Kunden vor und nach der Entscheidung wurde in dem Projekt sichergestellt, dass nicht nur ein flüchtiger Eindruck der Absichten, sondern in jedem Fall auch die eigentliche Entscheidung erfasst wird, ohne dass der Entscheidungsprozess selbst durch die Befragungen zu stark beeinflusst wird. Zudem ergab sich aus den Ergebnissen über die Entscheider, die naturgemäß in jeweils unterschiedlichen Sub-Phasen befragt wurden, ein lückenloses Abbild möglicher Prozessverläufe.

Das vernetzte Design der Erhebungsmodule war die Grundlage für den Einsatz unseres Systems aufeinander aufbauender Fragebögen. Die Zielsetzung jedes Fragebogens war zweigeteilt: Zum einen wurde in jeder Befragungsstufe der Staus quo des Entscheidungsprozesses erfasst. Es wurde jeweils festgehalten, welche Anbieter aktuell präferiert und welche ausgeschlossen wurden, wie sicher sich die Befragten dabei waren oder welchen sie wählen würden, wenn sie sofort entscheiden müssten. Neben diesen klassischen Statusinformationen wurde erhoben, was der Kunde bis zum Befragungszeitpunkt erlebt und unternommen hatte, sowie was er als Nächstes zu tun gedachte.

Durch breit angelegte mehrstufige Filter wurde schließlich sichergestellt, dass die Komplexität jeder einzelnen Entscheidungshistorie differenziert in den Befragungsergebnissen und Filterläufen abgebildet werden konnte. Dabei zogen sich die Themen und Filterbäume über die Grenzen einzelner Befragungen, was bedeutet, dass die Befragten in den Follow-up-Interviews immer vor dem Hintergrund ihrer Antworten aus der vorangehenden Befragung interviewt wurden und ihre persönliche Entscheidungshistorie nahtlos fortgeschrieben sowie die Umsetzung ursprünglicher Absichten individuell verifiziert werden konnte.

Was beeinflusst die Entscheidung für den Anbieterwechsel?

Die Ergebnisse der Einzelbefragungen wurden in der Auswertung in mehreren Schritten zu einem nahtlosen Bild der im Markt ablaufenden Entscheidungsprozesse verdichtet. Ausgehend vom Prozentsatz der Kunden, die vor Vertragsende über dessen Verlängerung beziehungsweise Kündigung noch explizit nachdenken, wurden die Prozesse repräsentativ nachverfolgt – bis zu deren Abschluss oder auch bis zum Abbruch.

Aus den beispielhaften Ergebnissen in Abbildung 4.6 ließen sich so folgende Schlussfolgerungen ziehen: Der Trigger »Handy« trat zwar vergleichsweise häufig auf, führte aber tatsächlich nur selten zum Wechsel des Anbieters. Das Handy verlor vielmehr bereits in der Informationsphase stark an Bedeutung.

Ergänzt man diesen Ergebnisüberblick mit einer Detailanalyse aus der »Ausblick«-Befragung, kann sich zum Beispiel weiterhin zeigen, dass der Auslöser »Handy« als klassischer Pull-Trigger primär über Werbeflyer wirkt. Die wenigen Kunden, die sich darüber ansprechen lassen und schließlich auch deshalb den Anbieter wechseln, gehören zum GRIPS-Typ Schnäppchenjäger. Andere Kundensegmente wurden durch den Flyer nicht nachhaltig angesprochen. Er initiierte dort weder einen stabilen Entscheidungsprozess noch können sich Kunden anderer Segmente üblicherweise an den Anbieter erinnern, der den Flyer geschickt hat. Da die Schnäppchenjäger die geringste Loyalität und den niedrigsten Kundenwert haben und zudem über virtuelle Kommunikationskanäle besser erreichbar sind, erwies sich eine flächendeckende Verteilung der Werbeflyer als Akquisitionsmaßnahme in unserem Beispiel als kaum sinnvoll.

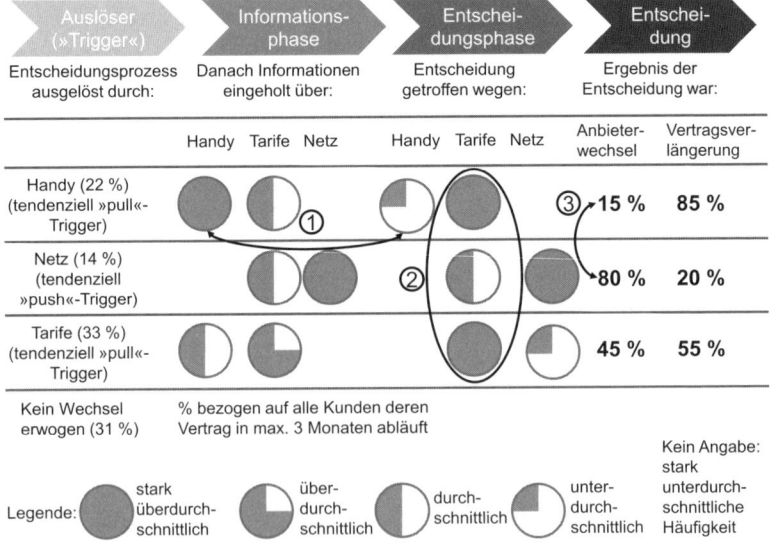

Abbildung 4.6: Wege vom Auslöser bis zur Entscheidung zum Anbieterwechsel

Aus Abbildung 4.7 lässt sich zudem deutlich ableiten, dass Netzprobleme als typische »Push-Trigger« zwar vergleichsweise seltene Entscheidungsauslöser sind, aber mit großer Wahrscheinlichkeit unmittelbar
zum Anbieterwechsel führen. Interessant dabei ist, dass alle Netzanbieter praktisch die gleiche Bevölkerungsabdeckung aufweisen. Dem Thema Netzqualität muss also nicht mit faktischem Netzaufbau, sondern
mit entsprechenden Kommunikationsmaßnahmen begegnet werden.
Schließlich zeigt sich, dass Tarife gerade in der finalen Entscheidungs-
phase besonders ausschlaggebend sind – und zwar unabhängig vom ursprünglichen Entscheidungsauslöser.

Aus dem Verständnis der Entscheidungsprozesse sowie der Abhängigkeiten von Auslöser, Prozessverlauf und abschließender Entscheidung,
konnten in Bezug auf die einzelnen Wettbewerber auch phasenspezifische Stärken- und Schwächenprofile abgeleitet werden. Daneben konnten »Wanderbewegungen« über Anbieter oder die Zusammenhänge
zwischen ursprünglichem Anbieter, besuchtem Shop und schließlich
gewähltem Anbieter prozessübergreifend herausgearbeitet werden.
Zusätzlich konnten zum Beispiel hinsichtlich des wichtigsten Ver-
triebskanals sowohl die Abschlussstärke der Verkäufer als auch deren
primäre Beratungsaufgabe – Vertragsverlängerung versus Neukundenge-
winnung – abgelesen werden.

Die Ergebnisse erlaubten also nicht nur einen umfassenden Überblick
aus verschiedenen Auswertungsperspektiven, sondern auch tiefgehen-
de Detailanalysen einzelner Prozessphasen. So konnte der Einfluss
unterschiedlicher Provisionshöhen auf das Verkäuferverhalten und
schließlich die Kundenentscheidung genauso nachverfolgt werden, wie
die phasenspezifische Bedeutung unterschiedlicher Tarifelemente gegen die Subvention des Mobilfunktelefons abgewogen werden konnten.

Mit dieser Befragung war es somit möglich, vollkommen unterschiedliche Marketingmaßnahmen und -investitionen gegeneinander abzuwägen, weil auch deren jeweilige Wirkung auf das Entscheidungsergebnis im Längsschnitt und auf individueller Ebene nachverfolgt werden

kann. Dadurch gewinnt dieser Ansatz den Charakter einer umfassenden Grundlagenstudie, die nicht nur die angemessene Informationsbasis für Entscheidungen des Topmanagements ist, sondern auch als inhaltliche Klammer dienen kann, um die Ergebnisse der bisher unabhängig eingesetzten themenspezifischen Tools in Relation zu setzen. Die Ergebnisse dieser Studien werden deshalb auch typischerweise auf Ebenen des Topmanagements intensiv diskutiert. Teilweise wurden auf Basis dieser Ergebnisse mehrtägige Workshops aufgebaut, die zu nachhaltigen Strategieänderungen geführt haben, weil die Breite und Tiefe der Ergebnisse, die über einen solchen Ansatz gewonnen werden, weit über die typische Inselperspektive hinausgehen, die man mithilfe klassischer Forschungsansätzen erhält.

4.5 Praxisbeispiel Marke: Markenrepositionierung

In diesem Beispiel hat ein Telekommunikationsunternehmen die GRIPS-Segmentierung für die ganzheitliche Markenpositionierung verwendet. Das Markenprofil und die Kommunikation wurden auf Basis des Verständnisses entwickelt, welche GRIPS-Typen der Anbieter heute hat, welche er haben möchte und wie man sie am besten ansprechen sollte. Weil GRIPS auf dem eigentlichen Kaufentscheidungsprozess aufbaut, also dem Aspekt, den man mit allen Hebeln beeinflussen möchte, konnten daraus zahlreiche konkrete Vorgaben für den gesamten Marketingmix abgeleitet werden.

Mobilcom Debitel beauftragte uns mit einem Projekt zur Markenrepositionierung. Zwar war das Unternehmen zumindest in der gestützten Bekanntheit sehr gut beim Kunden verankert, aber die Kunden waren mit der Marke ungestützt deutlich weniger vertraut. Entsprechend war das Unternehmen bei der Entscheidung über das Relevant Set, also der entscheidenden letzten Auswahlstufe vor dem Kauf, eher schwach positioniert. Für die Zukunft bedeutete dies Risiken: Wer im Kaufprozess nicht sehr gut im Bewusstsein der Kunden verankert ist, läuft Gefahr, über kurz oder lang Kunden, Marktanteile und Umsatz zu verlieren.

In einem internen Marketingstrategie-Workshop setzte sich die Erkenntnis durch, dass Mobilcom Debitel zwar sehr viel über seine Kunden wusste, aber im Endeffekt das Verhalten der Kunden nicht ausreichend verstand. Insbesondere war nicht klar, welche Motive und Aspekte den Kunden zum Kauf führen. Die verschiedenen bislang verwendeten Segmentierungsansätze beschrieben zwar die Mobilfunkkunden, lieferten jedoch kaum valide und konkrete Aussagen zu den entscheidenden Fragen: Warum entscheidet sich ein Kunde für einen bestimmten Mobilfunkanbieter, wieso für diesen Tarif, warum nutzt er dafür jenen Kanal und weshalb soll es genau dieses Handymodell sein und kein anderes? Gleiches galt im Bestandskundenbereich: Warum verlängert ein Kunde seinen Vertrag – oder eben nicht?

Gerade im Mobilfunkbereich fällt dem Kunden die Entscheidung zwischen der Vielzahl an Tarifmöglichkeiten schwer. Es gibt verschiedene Flat-Bausteine (SMS-Flat, Wunschnetz-Flat, Festnetz-Flat, Daten-Flat), ein im Tarif enthaltenes durchschnittliches Datenvolumen, einen monatlichen Paketpreis, das Handy oder Smartphone und dessen Kaufpreis, den Netzanbieter, Freiminuten und Mindestvertragslaufzeiten. Daher ist es essenziell, den Kaufprozess für jeden einzelnen GRIPS-Typ zu verstehen. Nur dann weiß man, welches Kriterium in welcher Phase des Kaufprozesses für welchen Entscheidertyp wirklich wichtig ist.

Konzentration auf die tatsächlichen Kundenbedürfnisse mit GRIPS

Zwar lagen den Mitarbeitern in den kundenkontaktbezogenen Unternehmensbereichen wie Produkt- und Angebotsentwicklung, stationärer Handel, Marketing, Kundenmanagement und Kundenbetreuung eine ganze Reihe soziodemografischer und nutzungsbasierter Kundendaten. Da es aber an einer unternehmensübergreifenden Segmentierung und Verständnis über den Kunden mangelte, konnten diese Informationen in den strategischen und operativen Prozessen nicht richtig genutzt werden. Stattdessen verwendeten die Mitarbeiter je nach Bereich und Geschäftszweig unterschiedliche Segmentierungen. Im Vertrieb unterschieden sie zum Beispiel klassisch nach Geschäfts- oder Privatkunden und Regionen, im Bereich Kundenbindung nach der Kundenwerthaltigkeit und im Marketing nach Milieus bei der Mediaplanung.

Angesichts des harten Wettbewerbs und der hohen Dynamik im Mobilfunkmarkt mussten aber die Aktivitäten der Mitarbeiter über alle Unternehmensbereiche hinweg konsequent auf die eigentlichen Kundenbedürfnisse ausgerichtet werden. Ziel war dabei zunächst herauszufinden, welche Bedürfnisse und Erwartungen die einzelnen Käufergruppen im Mobilfunkmarkt haben und welche Käufertypen für Mobilcom Debitel die größte Bedeutung haben. Diese Informationen sollten anschließend so im Unternehmen verankert werden, dass jeder Mitarbeiter den neuen Markenkern und die damit verbundene neue Kundenansprache verinnerlichte. Schließlich sollte geprüft werden, ob die Veränderungen tatsächlich zu besseren Kennzahlen führen.

Mobilcom Debitel entschied sich für die Verwendung der GRIPS-Typologie, da sie drei Kriterien erfüllte, die dem Unternehmen wichtig waren: Erstens erlangten vor allem die Customer-facing Units aufgrund der Verhaltensmuster der GRIPS-Typen recht schnell eine Vorstellung von dem Konzept und waren daraufhin in der Lage die Menschen, denen sie im realen Kundenkontakt begegneten, entsprechend einzuordnen. Zweitens ließ sich die Typologie in den unterschiedlichsten Unternehmensbereichen anwenden. Trotz der sehr unterschiedlichen Anforderungen einzelner Abteilungen wie Produktmanagement, Marketing, Vertrieb und Service konnten aus den fünf GRIPS-Typen passende operative Maßnahmen abgeleitet werden. Drittens lieferten die Erkenntnisse aus der verhaltensbasierten Einordnung einen empirisch belegbaren Mehrwert.

Als Erstes wurde in einer Grundlagenstudie erhoben, wie sich die verschiedenen GRIPS-Typen in diesem Markt und bei Mobilcom Debitel verteilen und verhalten. Diese ergab, dass die Schnäppchenjäger mit einem Anteil von 32 Prozent und die Verlustaversiven mit 38 Prozent Prozent zusammen 70 Prozent der Kunden bei Mobilcom Debitel ausmachen. Die restlichen 30 Prozent verteilen sich auf die Preisbereiten, Gewohnheitskäufer und Gleichgültigen.

Der wichtigste GRIPS-Typ im Mobilfunkbereich ist somit der Verlustaversive. Er hat ein ausgeprägtes Sicherheitsdenken und achtet verstärkt darauf, nicht über den Tisch gezogen zu werden. Aus diesem Grund sind ihm seriöse Informationsquellen und insbesondere die Unterstützung der Peer-Group zur Meinungsbildung und -bekräftigung wichtig. Der Verlustaversive scheut Veränderungen und ist im Gespräch eher zurückhaltend und passiv. Er hat zumeist ein geringes Wissen bezüglich existierender Mobilfunktarife und Hardware. Er schätzt flexible Tarifmodelle, da sich diese an seinen persönlichen Bedarf jederzeit anpassen lassen. Telefonieren zu einem günstigen Preis ist zwar wichtig, aber ein zum individuellen Telefonieverhalten passender Tarif ist dem Verlustaversiven noch wichtiger. Die Aspekte Sicherheit, Vertrauenswürdigkeit und Passgenauigkeit stehen für diesen Typ im Vordergrund. Daher ist ihm auch der persönliche Kontakt im stationären Handel wichtig.

Der zweite den Mobilfunkmarkt dominierende GRIPS-Typ, der Schnäppchenjäger, hat Spaß am Preisvergleich, freut sich über Schnäppchen und über die Tatsache, smarter eingekauft zu haben als andere. Bei der Informationssuche legt er Wert auf objektive Informationen, die er sich gerne selbstständig im Internet beschafft. Dabei surft er zumeist auf den Internetseiten der Mobilfunkanbieter beziehungsweise auf speziellen Preisvergleichsseiten. Er hat dadurch in der Regel ein großes Wissen über Tarife und Handys. Im Beratungsgespräch ist der Schnäppchenjäger aktiv und eher fordernd. Er verfolgt sein Ziel – die persönliche Preisoptimierung – konsequent und möchte am Ende des Beratungsgesprächs als »Gewinner« dastehen. Schnäppchenjäger nutzen häufiger Smartphones und haben in der Regel auch ein hohes Verlangen nach ei-

179

nem neuen Gerät. Sie sind vor allem für Werbebotschaften mit deutlich erkennbaren (Spar-)Preisangaben und Verweisen auf ein »lohnendes Angebot« empfänglich.

Veränderte Kundenansprache in der Werbung

Auch eine Untersuchung der bisherigen Werbekampagne nach GRIPS zeigte deutlich, dass der Markenkern von Mobilcom Debitel als »Der unabhängige Telekommunikations-Experte« hinsichtlich der Kaufentscheidung keine Relevanz für die Zielgruppe aufwies. Ebenso wurden die Protagonisten im Spot eher negativ bewertet. Daher wurde die Entscheidung für einen neuen Markenauftritt und Launch der Kampagne getroffen. Die neue Kundenansprache sollte sowohl Schnäppchenjäger als auch Verlustaversive ansprechen. Im Briefing für die neue Kampagne wurden den Werbeagenturen ausführlich die beiden Zielkundentypen beschrieben, mit dem Ziel, die neue Kampagne genau auf diese beiden Kundentypen auszurichten. Diese Art des Briefings wurde von den Werbeagenturen mit Begeisterung aufgenommen, weil es ihnen zum ersten Mal ganz klare Informationen darüber gab, was für den Kunden im Entscheidungsprozess besonders wichtig ist und demzufolge in der Werbung im Vordergrund stehen sollte.

Mit dem Claim »Gemeinsam geht mehr« und der Angabe »14 Millionen Kunden« und »10 Prozent Rabatt auf die Netzbetreibertarife« wurden die beiden Hauptbedürfnisse der wichtigsten Zielgruppen angesprochen: Den Schnäppchenjägern dienten diese Botschaft als Signal für große Marktmacht bei der Verhandlung guter Preise. Den Verlustaversiven gab die große Zahl an Kunden Sicherheit, denn so viele Menschen können nicht irren. Unterstützt wurde das Ganze durch eine sehr faktengetriebene, transparente Kommunikation, die beide Zielgruppen gleichermaßen ansprach.

Aus Vorstudien war bekannt, dass Schnäppchenjäger besonders auf Preisschilder und Rabatte achten. In der Kampagne wurde deshalb darauf Wert gelegt, dieses Bedürfnis nach einem guten Deal mit großen

Störern zu befriedigen. Im Werbespot sind beispielsweise entsprechend Tafeln mit der Aufschrift »10 Prozent« als Blickfang eingeblendet. Dem Bedürfnis der verlustaversiven Konsumenten nach fairer, kompetenter und passgenauer Beratung wurde Rechnung getragen, indem aus der symbolischen Menschenmasse ein Individuum vergrößert und damit hervorgehoben dargestellt wurde. Das soll demonstrieren: »DU bist uns wichtig, deshalb haben wir genau den richtigen Tarif für DEINE individuellen Bedürfnisse.«

Die wichtigste Rolle in der Überzeugungsarbeit innerhalb des Unternehmens spielte bei Mobilcom Debitel die Marktforschung als neutraler Dienstleister für alle kundenbezogenen Fachbereiche. Alle Fragen, die aus dem Unternehmen an die Marktforscher gestellt wurden, beantworteten sie nur noch auf Basis der neuen Kundenprofile. Dazu integrierten sie von Anfang an die GRIPS-Typologie in die Konzeption aller Studien. So wurden die Probanden für Fokusgruppen, zum Beispiel für die Produktentwicklung oder den Kundenservice, gezielt aus den Gruppen Schnäppchenjäger und Verlustaversive rekrutiert und jeweils homogen besetzt. Die Trennung beider Typen war essenziell, denn Verlustaversive würden sich in einer gemischten Gruppenzusammensetzung schnell durch das forsche Auftreten und die Detailkenntnisse der Schnäppchenjäger eingeschüchtert fühlen. Somit konnte verhindert werden, dass es zu einer Verwässerung der Ergebnisse kam. Die Marktforschung gab dann die Ergebnisse, heruntergebrochen auf Schnäppchenjäger und Verlustaversive, an die jeweiligen Fachabteilungen zurück.

Während die TV-Kampagne sowohl die Schnäppchenjäger als auch die Verlustaversiven gleichermaßen abholen sollte, konnten bei den anderen Kommunikationskanälen unterschiedliche Akzente gesetzt werden, da die GRIPS-Typen unterschiedliche Kommunikationskanäle bevorzugen. Der Verlustaversive ist eher unsicher und traut sich nicht zu, allein eine richtige Entscheidung zu treffen. Daher ist er statistisch gesehen deutlich häufiger im Shop oder in der Hotline anzutreffen, wo er sich bei einem Verkäufer persönlich informiert. Der Schnäppchenjäger, der eher selbstbewusst und fordernd ist, informiert sich zunächst einmal auf eigene Faust im Internet oder gleich beim Wettbewerber, um Trümpfe in der Hand zu haben und selbst zum Experten zu werden. Er wünscht beispielsweise häufig keine Beratung – ihm genügt eine kurze Abfrage der Fakten, also ein kurzer Schlagabtausch unter Experten. Bezüglich seines Wissens ist er absolut von sich überzeugt und ist sich sicher, dass kein Berater ihm etwas Neues erzählen kann.

Die Beispiele zeigen, wie durch eine klare und entscheidungsrelevante Zielgruppendefinition Maßnahmen und Anwendungen im Unternehmen auf die wirklich relevanten Zielgruppen ausgerichtet werden können. Es zeigt aber auch einen generellen Trend, der sich auf Basis von Behavioral Economics ergibt: Es geht weniger um eine aktionistische Vertriebstaktik, sondern vielmehr um eine nachhaltige Strategie, die sich an den Bedürfnissen der Kunden ausrichtet.

4.6 Praxisbeispiel Vertrieb: GRIPS-Typen im Callcenter und im Shop

In diesem Fall wurde die GRIPS-Segmentierung bei Mobilcom Debitel intern auf die Callcenter und Shops erweitert. Da die GRIPS-Segmentierung den Entscheidungsprozess des Kunden realitätsgenau abbildet, ergeben sich daraus konkrete und vor allem differenzierte Maßnahmen zur Bindung und Rückgewinnung der unterschiedlichen GRIPS-Typen.

In diesem Praxisbeispiel wird besonders eindrücklich aufgezeigt, wie einzelne GRIPS-Typen in einem persönlichen Gespräch konkret angesprochen und überzeugt werden können. Es geht hier also nicht um die ganzheitliche Theorie, sondern um deren Umsetzung und Implementierung auf dem Niveau individueller Gespräche.

Im vorangegangenen Praxisbeispiel haben Sie erfahren, wie die verschiedenen GRIPS-Typen in Marketing und Werbung unterschiedlich adressiert werden können. Im Rahmen der One-to-Many-Kommunikation ist es dabei unumgänglich, dass mit einer einzigen Werbekampagne die zwei oder drei wichtigsten GRIPS-Typen gemeinsam angesprochen werden müssen, da es keine Möglichkeit gibt, Anzeigen oder Spots ausschließlich für Schnäppchenjäger oder für Verlustaversive zu schalten. Die geschalteten Anzeigen müssen daher den Spagat zwischen den wichtigsten GRIPS-Typen schaffen.

Ganz anders ist die Situation jedoch im Callcenter oder im Shop im Rahmen der One-to-One-Kommunikation. Hier sollte idealerweise jeder Kunde genau entsprechend seines GRIPS-Typs behandelt werden. Die Realität sieht jedoch oft anders aus. Mitarbeiter im Shop durchlaufen ein Verkaufstraining, in dem sie bestimmte Verkaufsstrategien lernen, die sie dann für alle Kunden einheitlich anwenden. Vielleicht passen diese Strategien jedoch nur für den Schnäppchenjäger, sind aber für den Gewohnheitskäufer ungeeignet und schrecken den Verlustaversiven sogar ab.

Workshop: Kundengespräche mit GRIPS

Um alle kundennahen Abteilungen intensiv auf den Start der Werbekampagne vorzubereiten, wurden bei Mobilcom Debitel diverse interne Workshops durchgeführt, insbesondere mit den Callcenter-Agenten in der Kundenbetreuung sowie mit den Verkäufern und Händlern in den Filialen. Zur Vorbereitung der neuen Kampagne wurden beispielsweise an einem Tag 600 Vertriebsmitarbeiter spielerisch in kleinen Workshop-Einheiten und mithilfe von Improvisationsschauspielern, die Verkaufsgespräche simulierten, auf die Kernzielgruppen geschult.

Die Schauspieler zeigten anschaulich, dass eine unterschiedliche Ansprache der Kunden je nach GRIPS-Typ notwendig ist: Bei Schnäppchenjägern sollte der günstige Preis in den Mittelpunkt gestellt werden, denn diesem Typ geht es um Gewinnmaximierung. Bei Verlustaversiven ist es wichtig, die Passung des Vertrags zur persönlichen Nutzung zu fokussieren, Vertrauen aufzubauen und die Betonung darauf zu legen, dass keine zusätzlichen Kosten entstehen und der Kunde in keinem Fall schlechter dasteht als bisher, denn diesem Typ geht es vor allem darum, Verluste zu vermeiden. Mit einer kompetenten Beratung sowie der Auswahl aus allen vier Mobilfunknetzen und einem großen Angebot an Handys und Tarifen kann der Berater dem Verlustaversiven ein Gefühl von Sicherheit vermitteln, weil er aus verschiedenen Optionen auswählen und diese gezielt an seine Bedürfnisse anpassen kann. Bei Schnäppchenjägern hingegen sollten sich die Verkäufer zurücknehmen und dadurch das Bedürfnis der Schnäppchenjäger adressieren, ihre Mobilfunkkosten als »Experte« selbst optimieren zu können.

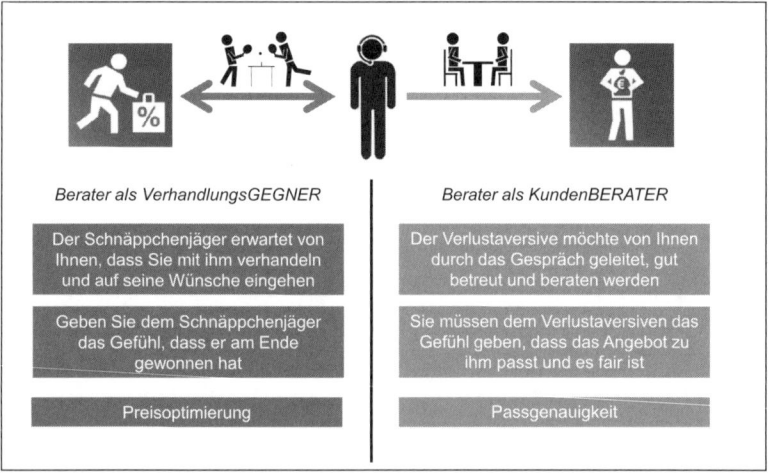

Abbildung 4.7: Unterschiedliche Behandlung von GRIPS-Typen

Da das Kundenverständnis im gesamten Unternehmen Anwendung finden sollte, war es nur konsequent, dass auch die Mitarbeiter im Vertrieb und im Kundendienst auf den Umgang mit genau diesen Kundentypen geschult wurden. Sein volles Potenzial entfaltet GRIPS genau in dieser One-to-One-Kommunikation, weil hier direkt und ohne Streuverluste auf die Bedürfnisse des individuellen Kunden eingegangen werden kann.

Die Segmentierung nach GRIPS-Typen hat den großen Vorteil, dass die identifizierten Entscheidertypen den Mitarbeitern in Vertrieb und Kundendienst bereits intuitiv aus ihrem Berufsalltag bekannt sind. In den Schulungen werden daher quasi offene Türen eingerannt. Die Mitarbeiter sind von der Kundentypologie sofort überzeugt, weil sie zum ersten Mal eine verständliche Systematik hinter den bisher widersprüchlichen Anforderungen und Bedürfnissen der Kunden erkennen. Die GRIPS-Typen liefern eine klare Beschreibung der empirisch gefundenen Kundentypen und helfen so auch den verschiedenen Bereichen im Unternehmen, eine gemeinsame Sprache zu finden.

Die GRIPS-Typen haben den großen Vorteil, dass sie sich direkt vom Entscheidungsverhalten des Kunden ableiten lassen. Geschulte Callcenter-Agents können sie demnach innerhalb kürzester Zeit im Rahmen eines normalen Gesprächs erkennen.

In den Schulungen zu GRIPS wurden die Agents zunächst gebeten, alle Eigenschaften, mit denen sie die Kunden beschreiben würden, auf einzelne Papierkärtchen zu schreiben. Es entstanden zahlreiche Kärtchen mit Begriffen wie »freundlich«, »fordernd«, »gut informiert«, »zögerlich« et cetera. Diese Kärtchen wurden dann im Rahmen der Schulung den fünf GRIPS-Konsumententypen zugeordnet. Damit haben wir den Agents im Grunde nichts Neues beigebracht, denn ihnen waren all diese Typen bereits intuitiv aus Kundengesprächen bekannt. Lediglich die Schubladen, in die sie die Kunden ohnehin schon automatisch steckten, bekamen entsprechende Bezeichnungen.

Die Agents lernten dann anhand von zahlreichen aufgezeichneten Originaltelefonaten mit Kunden, die im Rahmen der Schulung vorgespielt wurden, die GRIPS-Typen voneinander zu unterscheiden. Unserer Erfahrung nach konnten die Mitarbeiter die verschiedenen Entscheidertypen nach der Schulung bereits nach einem kurzen Gespräch mit einer Treffsicherheit von bis zu 90 Prozent korrekt zuordnen.

Sinnvoller Einsatz von Gutschriften im Kundengespräch

Für die Kundentypen Schnäppchenjäger und Verlustaversiver erhielten die Mitarbeiter ganz konkrete und empirisch validierte Empfehlungen dazu, wie diese Kunden am erfolgversprechendsten behandelt werden. Ein Beispiel soll dies verdeutlichen. Die Callcenter-Agents haben ein Budget für die Vergabe einer Gutschrift im Rahmen einer Vertragsverlängerung. Vor den GRIPS-Schulungen gaben die Agents diesen Rabatt einfach an jeden Kunden, in der Hoffnung, ihn damit vielleicht zum Vertragsabschluss bewegen zu können. Doch eine genaue Analyse der Entscheidungsprozesse und Kundentypen zeigt, dass dieses Vorgehen nicht nur sinnlos ist, sondern sogar kontraproduktiv sein kann.

Der Schnäppchenjäger hat ein großes Wissen über Tarife und Hardware, sein Ziel ist die persönliche Preisoptimierung. Das heißt er möchte weniger bezahlen – egal wie. Am Ende des Gesprächs möchte er als Gewinner dastehen. Dabei möchte er nicht alle Gutschriften und Rabatte auf einmal, sondern diese am liebsten als Trophäe am Ende der Verhandlung davontragen. Hier kann eine Gutschrift optimal eingesetzt werden, um beispielsweise das Handy im Verhandlungsverlauf billiger zu machen und somit einen auf dem Markt unschlagbaren Preis anzubieten.

Das gleiche Vorgehen hätte beim Verlustaversiven jedoch genau gegenteilige Wirkung. Dieser GRIPS-Typ ist ein vorsichtiger, womöglich sogar enttäuschter Konsument, der Angst davor hat, über den Tisch gezogen zu werden. Kaufen und Vergleichen ist für ihn kein Spaß. Trotzdem ist er ähnlich preisinteressiert wie der Schnäppchenjäger – nur eben aus einer anderen Motivation heraus. Nach schlechten Erfahrungen mit undurchsichtigen Angeboten reagiert der Verlustaversive demnach eher misstrauisch und abgeschreckt, wenn Angebote zu aggressiv mit Niedrigstpreisen beworben werden. Er sucht vielmehr das transparente, klare und faire Angebot. Wenn dem Verlustaversiven also ein für ihn nicht nachvollziehbarer sehr hoher Rabatt angeboten wird, wird er sofort misstrauisch und hat Angst, auf ein Lockangebot hereinzufallen, das ihn im Nachhinein teuer zu stehen kommt. Außerdem beschleicht ihn möglicherweise das Gefühl, das Angebot nur bekommen zu haben, weil er gerade zufällig im Callcenter angerufen hat. Hätte er nicht angerufen, hätte er also zu viel bezahlt – und wäre somit über den Tisch gezogen worden! Er ist irritiert, bricht das Gespräch ab und sucht sich vielleicht lieber einen anderen Anbieter, bei dem er aus seiner Sicht faire und transparente Angebote bekommt.

Nichtsdestotrotz kann es beim Verlustaversiven Gelegenheiten geben, eine Gutschrift sinnvoll einzusetzen. Wichtig ist hier vor allem, dass der Nachlass maßvoll und nachvollziehbar ist. Der Kunde ruft beispielsweise im Callcenter an, um sich bezüglich seiner Vertragsverlängerung zu erkundigen. Dabei erwähnt er, dass er vom Unternehmen diesbezüglich bereits einen Anruf erhalten habe. Zu diesem Zeitpunkt habe er sich aber im Urlaub im Ausland befunden und das Gespräch daher sofort abgebrochen, um hohe Gebühren zu vermeiden. Zu seinem Ärgernis sei er jedoch eine Woche später, als er sich nach wie vor im Ausland befand, erneut angerufen worden, wodurch nochmals Kosten entstanden seien. In diesem Fall sollte der Callcenter-Agent Verständnis für den Ärger des Kunden äußern und eine großzügige Erstattung der Gesprächskosten anbieten. Wichtig ist dabei, dass wirklich nur eine realistische, wenn auch großzügige Erstattung angeboten wird. Eine zu hohe Kulanz für zwei kurze Auslandstelefonate würde bei diesem Kundentyp sofort neues Misstrauen schüren. Wichtig ist ebenfalls, dass der Betrag als Kulanz und keinesfalls als Rabatt bezeichnet wird.

Insgesamt zeigte sich durch den geschulten selektiven Einsatz von Gutschriften, dass die über alle Telefonate eingesetzten Gutschriften in der Folge um mehr als die Hälfte reduziert werden konnten, ohne dass die Kundenzufriedenheit dadurch gesunken wäre – eine erhebliche Einsparung für Mobilcom Debitel.

Die empirischen Untersuchungen zeigten außerdem, dass durch die richtige Identifikation des Entscheidertyps die Kundenzufriedenheit und die Zufriedenheit mit dem Telefonat signifikant gesteigert werden konnte und sich auch die Wiederkaufabsicht erhöhte. Daneben gaben diese Kunden signifikant häufiger an, dass sie den Anbieter weiterempfehlen würden. Vor allem konnte die Conversion-Rate um 25 Prozent gesteigert werden.

Die kundenspezifische Gesprächsführung verkürzte die durchschnittliche Gesprächsdauer, weil direkt zielgerichtet auf den Entscheidungstyp des Kunden eingegangen wurde und die Gespräche daher viel schneller auf den Punkt kamen, der dem jeweiligen Kunden wichtig war. Der Entscheidungsprozess des Kunden wird so zielgenau unterstützt und kommt daher schneller zum Ergebnis. Zudem erhalten die Agents erheblich mehr Verantwortung, weil sie nun selbst innerhalb des Gesprächs den Kundentyp zuordnen dürfen und dann entsprechend agieren, was wiederum die Mitarbeiterzufriedenheit erhöht.

Auch Mitarbeiter sind GRIPS-Typen

Neben der höheren Kundenzufriedenheit, Mitarbeiterzufriedenheit und Conversion-Rate und der kürzeren Gesprächsdauer wurde im Rahmen des Projekts noch ein weiterer Effekt festgestellt. Die Frage, was für ein Entscheidungstyp der Agent selbst in diesem Markt ist, hat nämlich einen erheblichen Einfluss auf seine Fähigkeit, die Kunden von dem Produkt zu überzeugen. Die Untersuchungen ergaben, dass diejenigen Mitarbeiter, die beim Abschluss eigener Mobilfunkverträge Schnäppchenjäger sind, auch in den Zeiträumen, in denen bei ihnen privat gar kein Abschluss ansteht, über alle Bewegungen und Änderungen im Markt im Detail informiert sind. Sie kennen jeden relevanten Tarif der Wettbewerber und alle Features jedes neuen Smartphones. Sie sind stets auf dem aktuellen Stand und besser informiert, als es durch Schulungsmaßnahmen in dem sich ständig wandelnden Mobilfunkmarkt jemals erreicht werden könnte. Damit ist es für sie leichter als für andere Mitarbeiter, Kunden, die selbst Schnäppchenjäger sind, vom Kauf zu überzeugen.

Zu Höchstformen laufen die Agents, die selbst Schnäppchenjäger sind, jedoch vor allem bei den anderen Kundentypen auf. Besonders bei Verlustaversiven, Gewohnheitskäufern und Preisbereiten hat der

Schnäppchenjäger-Agent zum Teil doppelt so hohe Conversion-Rates. Das liegt daran, dass der Schnäppchenjäger eine viel höhere Involviertheit mit dem Produkt Mobilfunk hat und daher unsichere Konsumenten leichter überzeugen kann. Natürlich haben auch Agenten mit anderen GRIPS-Typen ihre Stärken. Diese liegen allerdings nicht im Verkauf oder in der Vertragsverlängerung, sondern zum Beispiel in den Bereichen der Kundenbetreuung oder Kundendienst.

Die Unterscheidung zwischen den verschiedenen Entscheidertypen wurde dann über Vertrieb und Callcenter konsequent bis ins Mystery-Shopping weitergezogen. Beispielsweise schickte Mobilcom Debitel standardmäßig Testkäufer in seine rund 600 Shops und prüfte die Beratungsqualität. Aufgrund der neuen Kundensegmentierung wurden die Testkäufer so vorbereitet, dass sie gezielt die Rolle eines Schnäppchenjägers oder Verlustaversiven einnehmen konnten. Sie konnten so überprüfen, ob die Shop-Berater gezielt auf die Bedürfnisse der jeweiligen Typen eingehen.

Sie sehen also: Die GRIPS-Segmentierung durch die direkte Orientierung am Entscheidungsprozess der Kunden für alle Bereiche im Unternehmen kann sinnvolle und konkrete Handlungsempfehlungen liefern, die sich in einer deutlichen Verbesserung der Key-Performance-Indikatoren wie Conversion-Rate und Kundenzufriedenheit niederschlagen.

Wir haben in diesem Buch einen sehr weiten Bogen geschlagen: vom unzureichenden Kundenmodell des Homo oeconomicus über die Erkenntnisse der Behavioral Economics, deren systematischer Anwendung bis hin zu den Fallbeispielen in diesem Kapitel. Wir hoffen, dass dadurch deutlich wurde, dass Behavioral Economics die Sichtweise des Kunden und damit die Unternehmensstrategie revolutionieren kann und wird und dass damit Ergebnisse und Erfolge möglich werden, die man bisher kaum für möglich gehalten hat. Die Vorgehensweisen zur systematischen Nutzung der Erkenntnisse von Behavioral Economics haben wir theoretisch entwickelt und an zahlreichen Praxisbeispielen demonstriert. Jedes Beispiel für sich hat dabei unterschiedliche Aspekte unterstrichen. Man muss also nicht in jedem Projekt alles neu erfinden, aber man sollte wissen, wo die Schwachstellen der klassischen Ansätze liegen.

Unsere Praxisbeispiele und die Preise und Auszeichnungen, die wir dafür bekommen haben, sollen Ihnen ein Ansporn sein, die tradierten Kundenmodelle und Methoden über Bord zu werfen und neue Wege zu gehen. Wir würden uns freuen, von Ihren Erfahrungen zu hören!

Sie erreichen die Autoren unter Florian.Bauer@vocatus.de und Hardy. Koth@vocatus.de

Danksagung

Dieses Buch ist das Ergebnis unserer mehr als zwanzigjährigen Tätigkeit in der Beratung und Entscheidungsforschung. In dieser Zeit haben wir zahlreiche wissenschaftliche Experimente im akademischen Kontext, mehrere internationale Grundlagenstudien und unzählige Forschungsprojekte für unsere Kunden durchgeführt.

Die vorliegenden Ergebnisse wären ohne die engagierte Mitarbeit unserer Kollegen bei Vocatus nicht möglich gewesen. Daher danken wir allen Mitarbeitern, die diese Projekte gemeinsam entwickelt und vorangetrieben haben und damit auch die Entscheidungsforschung bei Vocatus stark geprägt haben. Unsere mehrjährige Entwicklungsarbeit fand zuletzt auch internationale Anerkennung durch den ESOMAR Best Paper Award für die beste Methode, den wir mit unserem allgemeinen Entscheidungs- und Preisforschungsansatz im Jahr 2010 in Athen gewonnen haben.

Ebenso wären die hier vorgestellten Ergebnisse nicht denkbar gewesen ohne das Vertrauen und die Bereitschaft unserer Kunden, mit uns gemeinsam neue Wege zu gehen, um zu außergewöhnlichen Ergebnissen zu kommen. Besonders hervorheben möchten wir hier Markus Orth, Vorstandsvorsitzender der L'TUR Tourismus AG, mit dem uns eine über zehnjährige Zusammenarbeit verbindet. Unsere Projekte mit L'TUR wurden aufgrund ihrer innovativen Ansätze und überzeugenden Ergebnisse bereits zweimal (2005 und 2010) mit dem Preis der Deutschen Marktforschung ausgezeichnet. Außerdem wurden wir für ein gemeinsames Projekt zur Preisforschung 2013 mit dem internationalen ESOMAR Research Effectiveness Award 2013 für das effektivste Forschungsprojekt weltweit ausgezeichnet.

Ebenso geht unser Dank an Christoph Vilanek, Vorstandsvorsitzender der Freenet AG, der zusammen mit Kerstin Köder und Anke Schramm das komplette Unternehmen an den von uns entwickelten Entscheidertypen ausgerichtet und damit durchschlagende Erfolge erzielt hat.

Und schließlich danken wir Tobias Trevisan, Geschäftsführer der *Frankfurter Allgemeinen Zeitung*. Für unser gemeinsam durchgeführtes Projekt zur Entscheidungsforschung wurden wir bereits 2012 mit dem internationalen ESOMAR Research Effectiveness Award für das effektivste Forschungsprojekt weltweit ausgezeichnet. Ein besseres Argument als einen Return on Investment von über 30.000 Prozent, wie wir ihn in diesem Projekt realisiert haben, kann es für die systematische Nutzung von Behavioral Economics im Unternehmen wohl kaum geben.

Dr. Florian Bauer
Hardy C. Koth

Über die Autoren

Dr. Florian Bauer studierte Psychologie und Wirtschaftswissenschaften an der TU Darmstadt, am MIT und in Harvard und beschäftigt sich seit mehr als 20 Jahren mit der Erforschung von Entscheidungsverhalten und der Anwendung von Behavioral Economics in Unternehmen. Er ist einer der Gründer und Vorstand von Vocatus.

Bauer ist Lehrbeauftragter an diversen deutschen Universitäten sowie renommierter Autor und einer der weltweit führenden Köpfe im Bereich Behavioral Pricing. Darüber hinaus ist er Vorstandsmitglied des Berufsverbands Deutscher Markt- und Sozialforscher (BVM). florian.bauer@vocatus.de

Hardy C. Koth studierte Betriebswirtschaft an der University of Washington und der University of Chicago. Als Mitglied der Geschäftsführung der Strategieberatung Booz & Company und als Gründer und Vorstand von Vocatus berät er Unternehmen seit über 20 Jahren mit der gewinnbringenden Umsetzung von Behavioral Economics. Zudem hat er bereits mehrere internationale Wirtschaftsbestseller rund um neue Kundenstrategien veröffentlicht.

Koth ist Präsident von International Research Institutes (IRIS) und treibt die Methodenentwicklung auf Basis internationaler Studien voran.

hardy.koth@vocatus.de

Vocatus ist ein internationales Beratungs- und Marktforschungsunternehmen, das die Erkenntnisse der Behavioral Economics für seine Kunden in bare Münze umsetzt. Als Pionier auf diesem Gebiet gewann Vocatus mit seinen innovativen Projekten und deren Umsetzung zahlreiche internationale Auszeichnungen und Preise, darunter zuletzt zweimal hintereinander den Preis für das Marktforschungsprojekt mit dem höchsten Return on Investment sowie den Preis für die beste Forschungsmethode.

www.vocatus.de

Literaturverzeichnis

Ainslie, G. & Haslam, N. (1992). Hyperbolic discounting. In: Loewenstein, G. & Elster, J. (Hrsg.). *Choice over time.* New York: Russell Sage Foundation, S. 57–92.

Anderson, N. H. (1978). Cognitive algebra: Integration theory applied to social attribution. In: Berkowitz, L. (ed.). *Cognitive theories in social psychology.* New York: Academic Press, S. 1–102.

Anderson, N. H. (1981). *Foundations of information integration theory.* New York: McGraw-Hill.

Anderson, N. H. (1982). *Methods of information integration theory.* New York: McGraw-Hill.

Ariely, D. (2000). Controlling the Information Flow: Effects on Consumers' Decision Making and Preferences. In: *Journal of Consumer Research,* 27 (2), S. 233–248.

Ariely, D. (2008). *Predictably Irrational. The Hidden Forces That Shape Our Decisions.* New York: Harper Collins.

Arkes, H. R. & Blumer, C. (1985). The psychology of sunk cost. In: *Organizational Behavior and Human Decision Processes,* 35, 1, S. 124–140.

Aschenbrenner, K. M. (1987). Kaufentscheidung. In: Graf Hoyos, C.; Kroeber-Riel, W. & von Rosenstiel, L. (Hrsg.). *Wirtschaftspsychologie in Grundbegriffen.* 2. Auflage. Weinheim: Psychologie Verlags Union. S. 217 ff.

Batra, R. & Ahtola, O. T. (1991). Measuring the hedonic and utilitarian sources of consumer attitudes. In: *Marketing Letters, 2,* S. 159–170.

Bauer, F. (1995a). Ökonomisch suboptimales Wahlverhalten in verteilten Entscheidungssituationen: Eine wirtschaftspsychologische Perspektive. Technische Universität Darmstadt: Diplomarbeit.

Bauer, F. (1995b). Cognition in distributed choice. Paper presented at the Research Workshop for Behavioral Economics, Harvard University.

Bauer, F. (1997a). Heuristics and Biases in Distributed Choice. In: *Psychologische Beiträge*, 39, S. 191–215.

Bauer, F. (1997b). Stabile Suboptimalität individueller Entscheidungen. Oder: Warum ich nie gegen Boris Becker gewinnen würde. In: Baumgärtel, F.; Wilker, F.-W.; Winterfeld, U. (Hrsg.). *Innovation und Erfahrung: Analysen, Planungen und Erfahrungsberichte zu psychologischen Arbeitsfeldern.* Bonn: Deutscher Psychologen Verlag, S. 75–84.

Bauer, F. (2000). *Die Psychologie der Preisstruktur.* München: CS Press.

Bauer, F. (2004). Der »gefühlte« Preis: Vom Einfluss der Preisstrukturen auf Kaufentscheidungen. In: *Wirtschaftspsychologie aktuell,* 2, S. 31–35.

Bauer, F. (2006): De-fragment the consumer! How to unleash the predictive power of market research. In: ESOMAR Congress 2006. Foresight – the predictive power of research, S. 82–95.

Bauer, F. (2008). Psychological Pricing – Entscheidungen verstehen, Verhalten steuern. In: *Straßenverkehrstechnik,* 6, S. 352–357.

Bauer, F. (2010): Pricing beyond the Homo Oeconomicus: Expensive mistakes and profitable opportunities in pricing research. In: ESOMAR Congress Proceedings Athens 2010.

Bauer, F. & Lendrich, M. (2001). Preisstrukturen im Urteilsprozess der Verbraucher. In: *Planung & Analyse,* S. 50–55.

Bauer, F. & Urbahn, J. (2010). Vom Homo oeconomicus zum realen Konsumenten. vsms-Jahrbuch 2010 »Markt- und Sozialforschung«, S. 88–91.

Benartzi, S. & Thaler, R. H. (2007). Heuristics and Biases in Retirement Savings Behavior. In: *The Journal of Economic Perspectives, 21*(3), S. 81–104.

Biswas, A. & Blair, E. A. (1991). Contextual effects of reference prices in retail advertisements. In: *Journal of Marketing*, 55, S. 1–12.

Camerer, C. F. (1995). Individual decision making. In: Kagel, J. H. & Roth, A. E. (eds.). *The handbook of experimental economics*. Princeton: Princeton University Press, S. 587–703.

Camerer, C. F. & Hogarth, R. M. (1999). The effect of financial incentives in experiments: A review and capital-labor-reproduction framework. In: *Journal of Risk and Uncertainty*, 19, 1, S. 7–42.

Danziger, S. & Levav, J. & Avnaim-Pesso, L. (2011). Extraneous factors in judicial decisions, PNAS, 108, 17, S. 6889–6892.

Dhar, R. & Wertenbroch, K. (1997). Consumer choice between hedonic and utilitarian goods. New Haven: Working paper, Yale School of Management.

Diller, H. (1978). Das Preisbewusstsein der Verbraucher und seine Förderung durch Bereitstellung von Verbraucherinformationen. Habilitationsschrift: Mannheim.

Diller, H. (1991). *Preispolitik*. 2. Auflage. Stuttgart: Kohlhammer.

Felser, G. (1997). *Werbe- und Konsumentenpsychologie: Eine Einführung*. Stuttgart: Schäffer-Poeschel. S. 220.

Festinger, L. (1957). *A theory of cognitive dissonance*. Stanford: Stanford University Press.

Fischhoff, B. (1975). Hindsight: Thinking backward. In: *Psychology Today*, 8, S. 71–76.

Fischhoff, B. (1982). Debiasing. In: Kahneman, D., Slovic, P. & Tversky, A. (eds.). *Judgment under Uncertainty: Heuristics and Biases*. Cambridge, New York, Melbourne: Cambridge University Press, S. 422–444.

Gaeth, G. J.; Levin, I. P.; Chakraborty, G. & Levin, A. M. (1990). Consumer evaluation of multi-product bundles: An information integration analysis. In: *Marketing Letters*, 2, 1, S. 47–57.

Gigerenzer, G.; Todd, P. M. & ABC Research Group (1999). *Simple heuristics that make us smart.* New York: Oxford University Press.

Gilovich, T.; Griffin, D.; & Kahneman, D. (Eds.). (2002). *Heuristics and Biases: The Psychology of Intuitive Judgment.* New York: Cambridge University Press.

Gourville, J. T. (1998). Pennies-a-day: The effect of temporal reframing on transaction evaluation. In: *Journal of Consumer Research,* 24, 4, S. 395–408.

Gourville, J. T. & Soman, D. (1998). Payment depreciation: The effects of temporally separating payments from consumption. In: *Journal of Consumer Research,* 25, 2, S. 160–174.

Green, P. E. & Wind, Y. (1972). *Multiattributive decisions in marketing: A measurement approach.* Hinsdale: Dryden Press.

Griffin, D. W., & Kahneman, D. (2002). Judgment heuristics: Human strengths or human weaknesses? In: L. Aspinwall & U. Staudinger (eds.). *A psychology of human strengths: Perspectives on an emerging field* (S. 165–178). Washington, D. C.: APA Books.

Hammond, J. S.; Keeney, R. L. & Raiffa, H. (1999). Entscheidungsfindung: Vorsicht vor den Psycho-Fallen. In: *Harvard Business Manager,* 2, S. 91–98.

Helson, H. (1964). *Adaptation level theory.* New York: Harper & Row.

Herrnstein, R. J.; Loewenstein, G. F.; Prelec, D. & Vaughan, W. (1993). Utility maximization and melioration: Internalities in individual choice. In: *Journal of Behavioral Decision Making,* 6, S. 149–185; 222.

Herrnstein, J. R.; Rachlin, H. & Laibson, D. I. (1997). *The matching law: Papers in psychology and economics.* Cambridge: Harvard University Press.

Iyengar, S. & Lepper, M. (2000). When choice is demotivating: Can one desire too much of a good thing? In: *Journal of Personality and Social Psychology,* Vol 79 (6), S. 995–1006.

Jungermann, H.; Pfister, H.-R. & Fischer, K. (1998). *Die Psychologie der Entscheidung: Eine Einführung.* Heidelberg, Berlin: Spektrum Akademischer Verlag.

Kahneman, D. (1991). Judgment and decision making: A personal view. In: *Psychological Science,* 2, 3, S. 142–145.

Kahneman, D. (2003). A perspective on judgment and choice: Mapping bounded rationality. In: *American Psychologist, 58* , S. 697–720.

Kahneman, D. (2003). Maps of Bounded Rationality: Psychology for Behavioral Economics. In: *American Economic Review, 93* , 1449-1475.

Kahneman, D. (2011). *Thinking, Fast and Slow.* Penguin, New York

Kahneman, D., & Frederick, S. (2005). A model of heuristic judgment. In: K. J. Holyoak & R. G. Morrison (Eds.), *The Cambridge handbook of thinking and reasoning* (S. 267–293). New York : Cambridge University Press.

Kahneman, D.; Knetsch, J. & Thaler, R. H. (1986). Fairness as a constraint on profit-seeking: Entitlements in markets. In: *American Economic Review, 76,* S. 728–741.

Kahneman, D.; Knetsch, J. & Thaler, R. H. (1990). Experimental tests of the endowment effect and the coarse theorem. In: *Journal of Political Economy,* 98, S. 1325–1328.

Kahneman, D., Slovic, P. & Tversky, A. (1982). *Judgment under Uncertainty: Heuristics and Biases.* Cambridge, New York, Melbourne: Cambridge University Press. S. 223.

Kahneman, D. & Tversky, A. (1979). Prospect Theory: An Analysis of Decisions under Risk. In: *Econometrica,* 47, S. 263–291.

Kahneman, D. & Tversky, A. (1984). Choices, values, and frames. In: *The American Psychologist,* 39, S. 341–350.

Kahneman, D. & Tversky, A. (1996). On the reality of cognitive illusions. In: *Psychological Review,* 103, S. 582–591.

Kaicker, A.; Bearden, W. O. & Manning, K. C. (1995). Component versus bundle pricing. The role of selling price deviations from price expectations. In: *Journal of Business Research*, 33, S. 231–239.

Kamen, J. M. & Toman, R. J. (1970). Psychophysics of prices. In: *Journal of Marketing Research*, 7, S. 27–35.

Kamenica, E., Mullainathan, S. & Thaler, R.H. (2011). Helping Consumers Know Themselves. In: *American Economic Review*, 2011, *101*(3), S. 417–22.

Keeney, R. L. & Raiffa, H. (1976). *Decisions with multiple objectives: Preferences and value tradeoffs*. New York: Wiley.

Koth, H. C. & Beckenbach, A. (2008): Bankservice auf dem Prüfstand: Der Kunde als Filial-Scout. In: *Die Bank*, Ausgabe 5. Köln: Bank-Verlag Medien, S. 36–40.

Koth, H. C. & Köder, K., (2013): Die Kundenversteher. In: *Harvard Business Manager*, Ausgabe 6, S. 36–43.

Koth, H. C. & Munzinger, U. (2013): Top oder Flop: Marketingausgaben fundiert optimieren. In: *Research & Results*, Ausgabe 5. München: Reitmeier Input Management Services.

Koth, H. C. & Schneider, P. (2007): Entscheidungsprozesse verstehen: Die 360 Grad Entscheidungsanalyse. In: Brändli, A.; Marcuz, N. (Hrsg.): *Jahrbuch Kunde im Focus*. Ettlingen: IM Marketing-Forum. S. 20–23.

Koth, H. C. & Wiegran, G. (2000): *Custom Enterprise.com*. London: Financial Times Verlag.

Koth, H. & Wiegran, G. (2000). *Custom Enterprise.com: Every Product, Every Price, Every Message*. London: Financial Times Verlag.

Lee, L. & Ariely, D. (2006). Shopping Goals, Goal Concreteness, and Conditional Promotions, *Journal of Consumer Research*, 33, S. 60–70.

Leibenstein, H. (1968). Mitläufer-, Snob- und Vebleneffekt in der Theorie der Konsumentennachfrage. In: Streissler, E. & Streissler, M. (Hrsg.). *Konsum und Nachfrage*. 3. Auflage. Köln, Berlin: Kiepenheuer & Witsch, S. 231–255.

Lichtenstein, D. R. & Bearden, O. W (1988). An investigation of consumer evaluations of reference price discount claims. In: *Journal of Business Research*, 17, S. 189–200.

Lichtenstein, S. & Fischoff, B. (1977). Do those who know more also know more about how much they know? In: *Organizational Behavior and Human Performance*, 20, S. 159–183.

Loewenstein, G. F. & Elster, J. (1992). *Choice over time.* Russell Sage Foundation, New York.

McFadden, D. (1973). Conditional logit analysis of qualitative choice behavior. In: Zarembka, P. (Hrsg.). *Frontiers in economics.* New York: Academic Press.

Meffert, H. (1998). Marketing: *Grundlagen marktorientierter Unternehmensführung: Konzepte, Instrumente, Praxisbeispiele.* 8. Auflage. Wiesbaden: Gabler.

Monroe, K. B. (1977). Objective and subjective contextual influences on price perception. In: Woodside, A. G.; Sheth, J. N. & Bennett, P. D. (eds.). *Consumer and industrial buying behavior.* Amsterdam: North-Holland.

Montgomery, H. (1989). From cognition to action: The search for dominance in decision making. In: Montgomery, H. & Svenson, O. (eds.). *Process and structure in human decision making.* Chichester: Wiley.

Munger, J. L. (1992). An experimental application of prospect theory to the pricing of bundled products. Dissertation. Ann Arbor, MI: The Ohio State University. University Microfilms International.

Nagle, T. T., Holden, R. K. & Larsen, G. M. (1998). *Pricing: Praxis der optimalen Preisfindung.* Heidelberg: Springer.

Nisbett, R. E.; Zukier, H. & Lemley, R. E. (1981). The dilution effect: Nondiagnostic information weakens the implications of diagnostic informations. In: *Cognitive Psychology*, 13, S. 248–277.

O'Shaughnessy, J. (1987). *Why we buy.* New York: Oxford University Press.

Olds, J. & Milner, P. (1954). Positive reinforcement produced by electrical stimulation of septal area and other regions of rat brain. In: *Journal of Comp. Physiol. Psychol.*, 47, S. 419–427.

Plous, S. (1993). *The psychology of judgment and decision making*. New York: McGraw-Hill.

Prelec, D. & Loewenstein, G. (1998). The red and the black: Mental accounting of savings and debt. In: *Marketing Science*, 17, 1, S. 4–28.

Read, D.; Loewenstein, G. & Rabin, M. (1998). Choice bracketing. Unpublished working paper: Carnegie Mellon University.

Russo, J. E. & Shoemaker, P. J. H. (1990): *Decision traps: The ten barriers to brilliant decision making and how to overcome them*. New York: Doubleday.

Schacter, D.; Gilbert, D. & Wegner, D. (2009). *Psychology*. Worth Publishers, New York

Schwartz, B. (2005). *The Paradox of Choice: Why More Is Less*. Harper Perennial, New York

Shafir, E. & Thaler, R. H. (1998). Invest now, drink later, spend never: The mental accounting of advanced purchases. Unpublished working paper: University of Chicago.

Shefrin, H. & Thaler, R. H. (1988). The behavioral life-cycle hypothesis. In: *Economic Inquiry*, 26, S. 609–643.

Shelley, M. K. (1994). Gain/loss asymmetry in risky intertemporal choice. In: *Organizational Behavior and Human Decision Processes*, 59, S. 124–159.

Sherif, M. & Hovland, C. I. (1961). *Social judgement: Assimilation and contrast effects in communication and attitude change*. New Haven: Yale University Press.

Sunstein, C.R.; Kahneman, D.; Schkade, D. & Ritov, I. (2002). Predictably incoherent judgments. In: *Stanford Law Review*, 54 , S. 1153–1215.

Svenson, O. (1981). Are we all less risky and more skillful than our fellow drivers? In *Acta Psychologica*, 47, S. 143–148.

Thaler, R. H. (1980). Toward a Positive Theory of Consumer Choice. In: *Journal of Economic Behavior and Organization*, 1, S. 39–60.

Thaler, R. H. (1985). Mental accounting and consumer choice. In: *Marketing Science*, 4, S. 199–214.

Thaler, R. H. (1987). The Psychology of Choice and the Assumptions of Economics. In: Alvin Roth (eds.): *Laboratory Experiments in Economics: Six Points of View* New York: Cambridge University Press, S. 99–130.

Thaler, R. H. (1995). Thaler's rules for good decision making. Arbeitsunterlagen zu: 15.312 Managerial Decision Making. Cambridge: Sloan School of Management, Massachusetts Institute of Technology.

Thaler, R. H. (2000). Mental accounting matters. In: Kahneman, D. & Tversky, A. (eds.). *Choices, values, and frames*. Cambridge: Cambridge University Press.

Thaler, R. H. (2008). Commentary – Mental Accounting and Consumer Choice: Anatomy of a Failure. In*Marketing Science*, 27(1), S. 12–14.

Thaler, R. H. & Johnson, E. J. (1990). Gambling with the house money and trying to break even: The effects of prior outcomes on risky choice. In: *Management Science*, 36, 6, S. 643–660.

Troutman, C. M. & Shanteau, J. (1976). Do consumers evaluate products by adding or averaging attribute information? In: *Journal of Consumer Research*, 3, S. 101–106.

Tversky, A. (1969). Intransitivity of preferences. In: *Psychological Review*, 76, 1, S. 54–62.

Tversky, A. (1977). Features of similarity. In: *Psychological Review*, 84, 4, S. 327–352.

Tversky, A. & Kahneman, D. (1974). Judgments under uncertainty: Heuristics and biases. In: *Science*, 185, S. 1124–1131.

Tversky, A. & Kahneman, D. (1981). The framing of decisions and the rationality of choice. In: *Science*, 211, S. 453–458.

Tversky, A. & Kahneman, D. (1982). Evidential impact of base rates. In: Kahneman, D.; Slovic, P. & Tversky, A. (Eds). *Judgement under uncertainty: Heuristics and biases* New York: Cambridge University Press, S. 153–160.

Tversky, A. & Kahneman, D. (1991). Loss aversion in riskless choice: A reference-dependent model. In: *Quarterly Journal of Economics,* 106, 11, S. 1039–1061.

Tversky, A. & Kahneman, D. (1992). Advances in prospect theory: Cumulative representation of uncertainty. In: *Journal of Risk and Uncertainty,* 5, S. 297–323.

Tversky, A.; Sattath, S. & Slovic, P. (1988). Contingent weighing in judgment and choice. In: *Psychological Review,* 95, 7, S. 371–384.

von Neumann, J. & Morgenstern, O. (1953). *Theory of games and economic behavior.* 3. Auflage. Princeton: Princeton University Press.

von Winterfeldt, D. & Edwards, W. (1986). Cognitive illusions. In: von Winterfeldt, D. & Edwards, W. (eds.). *Decision analysis and behavioral research* New York: Cambridge University Press, S. 530–559.

von Winterfeldt, D. & Edwards, W. (1986). *Decision analysis and behavioral research.* New York: Cambridge University Press.

Yadav, M. S. & Monroe, K. B. (1993). How buyers perceive savings in a bundled price: An examination of a bundle's transaction value. In: *Journal of Marketing Research,* 30, 350–358.

Stichwortverzeichnis